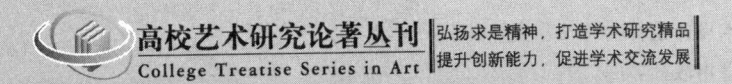

高校艺术研究论著丛刊
College Treatise Series in Art

弘扬求是精神，打造学术研究精品
提升创新能力，促进学术交流发展

环境艺术设计主体与方法探究

HUANJING YISHU SHEJI ZHUTI
YU FANGFA TANJIU

王晶 著

中国书籍出版社
China Book Press

图书在版编目(CIP)数据

环境艺术设计主体与方法探究/王晶著.—北京：
中国书籍出版社,2015.9
ISBN 978-7-5068-5142-8

Ⅰ.①环… Ⅱ.①王… Ⅲ.①环境设计－研究
Ⅳ.①TU－856

中国版本图书馆 CIP 数据核字(2015)第 213501 号

环境艺术设计主体与方法探究

王晶 著

丛书策划	谭 鹏　武 斌
责任编辑	张 娟　成晓春
责任印制	孙马飞　张智勇
封面设计	马静静
出版发行	中国书籍出版社
地　　址	北京市丰台区三路居路 97 号(邮编:100073)
电　　话	(010)52257143(总编室)　(010)52257153(发行部)
电子邮箱	chinabp@vip.sina.com
经　　销	全国新华书店
印　　刷	三河市铭浩彩色印装有限公司
开　　本	710 毫米×1000 毫米　1/16
印　　张	16.75
字　　数	280 千字
版　　次	2016 年 6 月第 1 版　2016 年 6 月第 1 次印刷
书　　号	ISBN 978-7-5068-5142-8
定　　价	54.00 元

版权所有　翻印必究

前　言

　　环境艺术是由"环境"与"艺术"相加组成的词。其中,"环境"指的并不是广义的自然,而主要是指人为建造的第二自然,即人工环境;"艺术"也并不是指广义的艺术,而主要是以美术定位的造型艺术。

　　人类营造人工环境的建筑历史已经非常久远了,但"环境艺术"却是20世纪近现代艺术发展的产物。环境艺术设计是随着改革开放的不断深入、经济发展水平的日益提高而催生的与人民群众生活密切相关的艺术门类。同时,多元文化的冲击、城市化进程速度的加快、建设和谐社会和小康社会的需求等因素,对我们的环境艺术设计提出了更高的要求。本书立足于环境艺术服务于社会大众的实用功能,对环境艺术设计进行了探讨。

　　本书与其他著作的不同在于,它以环境设计主体(环境设计师)与设计方法为主要切入点,对环境艺术设计进行分析。本书内容共分为七章,三大部分。

　　第一章为本书的第一部分,它对环境艺术设计的相关理论进行分析,包括环境艺术设计的概念、特征、本质、基本议题、目标等。第二章与第三章为本书的第二部分,它是以环境艺术设计的主体(即环境设计师)为主要研究对象展开论述的,包括环境艺术设计主体的要求、修养、创造性能力以及思维能力。第四至第七章为本书的第三部分,它对环境艺术设计的方法进行论述,内容包括环境艺术设计中的空间尺度、造型方法、空间组织、表现方法等。

　　本书在撰写过程中引用了部分图片,并参考了部分文献资料,由于时间仓促未能及时与作者联系,在此表示诚挚的谢意及歉意。虽然作者力求完善,但书中仍不免有许多不足之处,希望广大专家、学者、业界同人给予批评指正。

作 者

2015 年 7 月

目 录

第一章　环境艺术设计概述……………………………………（1）

　第一节　环境艺术设计的概念………………………………（1）
　第二节　环境艺术设计的特征 ………………………………（21）
　第三节　环境艺术设计的本质 ………………………………（32）
　第四节　环境艺术设计的基本议题 …………………………（37）
　第五节　环境艺术设计的目标 ………………………………（46）

第二章　环境艺术设计的主体——环境设计师…………（49）

　第一节　环境设计师的要求及修养 …………………………（49）
　第二节　环境设计师的创造性能力 …………………………（54）

第三章　环境艺术设计主体的创造性思维 ………………（59）

　第一节　思维与创造性思维 …………………………………（59）
　第二节　创新性思维在环境艺术设计中的运用 ……………（66）

第四章　环境艺术设计的空间尺度 ………………………（69）

　第一节　空间尺度的概念 ……………………………………（69）
　第二节　影响空间尺度的因素 ………………………………（76）
　第三节　环境艺术设计各领域的空间尺度 …………………（89）

第五章　环境艺术设计的造型方法………………………（110）

　第一节　环境艺术设计造型的基本要素……………………（110）
　第二节　环境艺术设计造型的形式原则……………………（123）
　第三节　环境艺术设计的处理手法…………………………（139）

· 1 ·

第六章 环境艺术设计造型的空间组织……………………（181）

　第一节 空间的概念与类型……………………………（181）
　第二节 室内外空间环境的组织………………………（189）

第七章 环境艺术设计的表现方法……………………（206）

　第一节 环境艺术设计的制图…………………………（206）
　第二节 环境艺术设计的模型…………………………（244）

参考文献………………………………………………（260）

第一章 环境艺术设计概述

环境艺术设计是随着改革开放的不断深入、经济发展水平的日益提高而催生的与人民群众生活密切相关的艺术门类。本书立足于环境艺术服务于社会大众的实用功能，对环境艺术的基础设计理论及实务进行探讨。本章针对环境艺术设计的基本概念、特征、本质、基本议题及目标等基本理论逐一加以论述，为后文做一个基础的铺垫。

第一节 环境艺术设计的概念

一、环境艺术设计的含义

所谓环境，是指人类赖以生存的周边空间，是人类聚集、栖居的空间场所构成的综合体，包括自然环境、人工环境和社会环境等全部环境概念。从空间大小而论，有宏观环境、微观环境之分；从活动功能而言，有居住、生产、办公、学习、运动、通信、交通、休闲等环境；从分支学科而言，有社会环境、经济环境、生态环境、建筑环境、光环境、水环境等。

环境设计是指对构成人类的生存空间进行美化和系统构思的设计，是对生活和工作环境所必需的各种条件进行综合规划的过程。在20世纪中叶的东京世界设计会议上，美国环境设计理论家理查德·道伯尔说："环境设计是比建筑范围更大、比规划的意义更综合、比工程技术更敏感的艺术。这是一种实用艺术,胜过一切传统的考虑,这种艺术实践与人的机能紧密结合,使人们周围的事物有了视觉秩序,而且加强和表现了所拥有的领域。"

环境艺术设计是一门新兴的学科,它属于艺术设计学科的一个分支。环境艺术设计是为人们的生活、工作和社会活动提供一个合情、合理、舒适、美观、有效的空间场所,所涉及的内容比较多元。

随着社会的发展,人们对人与自然的关系、建筑与人的关系、建筑与环境之间关系的认识的不断调整与深化,加之人们对艺术的不断追求,完善的环境设计和计划被提升到了"艺术"的高度。它不局限于对建筑、空山、庭院和城市设施的美化与装饰,而是从城市整体,人的生存环境、艺术、功能及文化等较高层次来对我们的生活环境进行综合的创造,也就是通过艺术手段把建筑、绘画雕塑及其他观赏艺术结合起来,使人们获得可以享受艺术的美妙的环境。对环境进行艺术化的设计包括了艺术设计的系统工程,是综合性设计。从对环境美的最终要求而言,艺术设计是贯穿其中的全面的、整体的设计(图1-1)。

图1-1 环境艺术化

第一章 环境艺术设计概述

环境空间设计的进步与发展,大体上经历了实用空间、行为空间(抽象空间)、符号空间(几何空间)、功能空间的历程。原始的空间观念,是寄托于直觉体验和生存本能意义上的,具有实用性;对于抽象与符号空间,人类则能以语言、天文、数学、宗教、象征等文化为参照架构,进行思维、描述、概括,是文明时代的象征;现代人的空间,是以几何图式、形态构成、视觉原理、现代科技和现代生活为依托而营造的理想空间(图1-2)。

图 1-2　环境空间设计

环境艺术设计总的来讲是指在整体设计观念指导下的综合设计。它相对于单体、局部、一元化而言,是从整体的结构框架出发发挥艺术感染力的设计。

时至今日,人们更向往一种社会文化、历史文脉、未来世界、独处与交往相结合的多元化的现代空间,这是现代人的"心理空间"或"人性空间"。人在追求理想中生存,从谋生到乐生,理性的需求得到满足后,向着社会文明和自我实现的更高台阶迈进。

二、环境艺术设计的主要内容

(一)城市设计

从广义看,城市设计指对城市的空间环境的设计,即对城市人工环境的种种建设活动加以优化和调节。城市设计的主要目标是提高人们的生活质量。不同的社会背景、地域文化传统和时空条件会有不同的城市设计途径和方法。

在环境艺术范畴中,城市设计是指对城市环境的建设发展进行综合的部署,以创造满足城市居民共同生活、工作所需要的安全、健康、便利、舒适的城市环境。城市设计包含社会系统、经济系统、空间系统、生态系统、基础设施五个方面。前两种是隐性的,属于政府针对城市文化特点、经济发展规律而制定的决策型规划,后三种是显性的、具体的设计项目。在理工科院校中的城市规划是包括了经济学、社会学、地理学等,研究城市、城乡规划与建筑设计的综合性学科,倾向于城市的广义特征;在以艺术院校为代表的文科院校,环境艺术设计学科更关注城市设计的物质内容,即对城市社会的空间设计,更倾向于城市设计的狭义特征。

(二)建筑设计

建筑设计指在建筑物或构筑物的结构、空间及造型、功能等方面进行的设计,包括建筑工程设计和建筑艺术设计(图 1-3)。前者是通过技术手段以完善建筑作为人类赖以生存的栖息场所必须具备的承重、防潮、通风、避雨等功能,后者是通过艺术思想,研究建筑作为人类寄予生存理想的载体所展现的风格、气质和形态。

图 1-3　建筑设计

(三)园林景观设计

园林景观设计指建筑外部的环境设计,包括庭院、街道、公园、广场、桥梁、滨水区域、绿地等外部空间的设计(图 1-4)。现代景观设计是针对大众群体,研究城市与自然环境协调发展的学科,包含视觉景观形象、环境生态绿化、大众行为心理三元素,具有规划层面的意义。呈现出城市规划、建筑、维护管理、旅游开发、资源配置、社会文化、农林结合等学科交叉综合的特点。

图 1-4　景观设计

(四)室内设计

室内设计是建筑物内部的空间构成、功能要求、样式风格的设计,也包含家具的设计。一般来讲,室内设计按照使用类型分为居住空间、工作空间、公共空间、展示空间四大类型。

图 1-5　展示设计

(五)公共艺术设计

公共艺术设计指在开放性的公共空间中进行的艺术创造与相应的环境设计。这类空间包括街道、公园、广场、车站、机场、公共大厅等室内外公共活动场所。它的设计主体是公共艺术品的创作与陈设,也包括作为城市元素的市政设施设计。

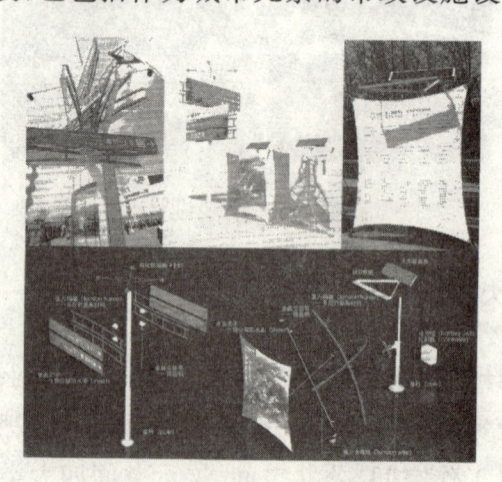

图 1-6　日本街头公共艺术设计

第一章 环境艺术设计概述

图 1-7 法国戛纳城市公共设施设计

图 1-8 荷兰公共汽车站设计

图 1-9 法国巴黎地铁的环境装饰

总结以上内容,我们可以列表进行归纳,见表1-1。从表中我们可以看出,环境艺术设计在学科内容上非常丰富,它与现代意义上的城市规划的主要区别在于城市规划更关注社会经济和城市总体发展计划,而环境艺术设计则侧重于具体空间形态的建构,比较偏重空间形体艺术和人的知觉心理。与景观设计不同的是环境艺术的设计门类更为广泛,在具体实施中,它需要借鉴景观学更善于综合地、多目标地解决问题等特点,鼓励设计师发挥艺术灵感和艺术创造,强调艺术地解决问题。

表1-1

环境艺术设计	城市设计	广义:在理工科院校中的城市规划是包括了经济学、社会学、地理学等,研究城市、城乡规划与建筑设计的综合性学科	社会系统
			经济系统
			空间系统
			生态系统
			基础设施
		狭义:在以艺术院校为代表的文科院校,环境艺术设计学科更关注城市设计的物质内容即对城市社会的空间系统设计	城市交通与道路规划
			居住区规划
		完成对规划内容和建筑设计的引导,公共开放空间设计(开放空间、街道、人行道、建筑之间和围绕建筑的广场),关注与建筑相关的"公共利益"问题(集散、停放、日照、阴影以及湍流等)	城市公共空间
			城市历史文化遗产保护
			城市绿地规划
	建筑设计	工科院校的主要目的:通过技术手段以完善建筑作为人类赖以生存的栖息场所必须具备的承重、防潮、通风、避雨等功能	居住建筑
			公共建筑
		文科院校的主要目的:通过艺术思想研究建筑作为人类寄予生存理想的载体所展现的风格、气质和形态	宗教建筑

第一章　环境艺术设计概述

续表

环境艺术设计	园林景观设计	传统风景园林设计：在城市中如何运用植物、建筑、山石、水体等园林物质要素，以一定的科学、技术、艺术为指导，充分发挥其综合功能，因地、因时制宜地选择各类城市园林绿地，进行合理规划布局，形成有机的城市园林绿地系统，以便创造卫生、舒适、优美的生产生活环境	住宅小区景观设计
			城市街道广场景观设计
		现代景观规划设计：是针对大众群体的，研究城市与自然环境协调发展的学科，包含视觉景观形象、环境生态绿化、大众行为心理三元素，注重对城市公共环境、土地资源的合理、创造性开发和对生态环境的保护利用。强调改变环境的生态途径和关心邻里尺度的场所精神，是生活的、动态的、生态的、文化的系统	滨水带景观设计
			城市公园景观设计
			风景名胜保护
	室内设计	居住空间	单体平房、跃层室内、别墅
		工作空间	办公空间、厂房车间
		展示空间	会场展示、会馆展示
		公共空间	商场、饭店、餐厅、酒家、娱乐场、影剧院、体育馆、会堂
	公共艺术设计	公共艺术品	城市雕塑、游憩小品、装饰小品
		市政设施设计	休息设施、照明设施、水池、讯息设施、清洁设施

三、环境艺术设计的研究对象

(一)实体

环境艺术设计是以满足某种实用功能为前提的,而实体是实用功能的载体。因此,它的第一个研究对象便是实体。狭义上讲,实体主要是指人能进入其内,解决避风雨与各种社会关系的围合体量。广义上讲,实体包含了人为环境中的所有建构,分为以下四大类:

1. 建筑实体

建筑为人所造,供人所用。建筑提供的空间是由物质材料构成的。所以,研究建筑就是对构成建筑的材料、技术、形式、功能的研究。建筑具有功能性、时空性,作为文化的一个重要表现体,具有民族和地域的特征,呈现出多姿多彩的面貌,在环境艺术中具有对场所进行定义的重要功能。一个建筑实体不仅要解决自身的功能问题,同时还要考虑环境中的场所形象的问题。

2. 构筑物

构筑物是指人们不直接在内进行生产和生活但却能为人们提供休憩、停留场所的人为构筑实体,如亭、廊、桥等,起到建构空间形态的作用,在景观设计中运用广泛。它与建筑最大的区别是它的围合程度远低于建筑实体,和环境保持充分的交流,具有通透性、互动性强的特点,在尺度、材质、造型上灵活多变,起到活跃环境的作用。

第一章 环境艺术设计概述

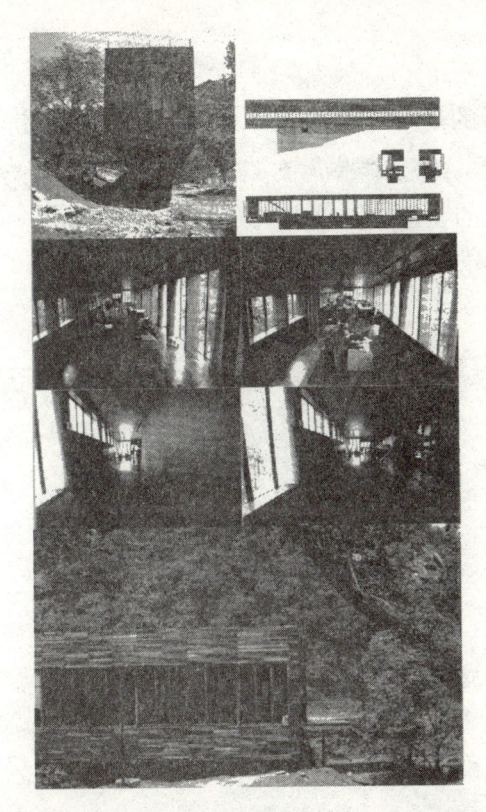

图 1-10 建筑实体——长城脚下的公社,反映出设计不仅要考虑建筑自身内部和外部的功能问题,也要考虑与场所地形的和谐关系

图 1-11 构筑物

3. 标志物

标志物指的是在环境中起到引导、识别作用的人为构筑实体，如雕塑、纪念碑、钟楼、牌楼等。这些标志物往往是一个场所中具有精神指向功能的实体，和空间、场所紧密地联系在一起。

图 1-12　标志物

4. 附属设施

包含座椅、电话亭、垃圾箱、装饰小品等。附属设施虽然和空间规划没有直接的关系，但和人的行为却密不可分，也是环境艺术中重要的实体研究对象。

图 1-13　附属设施

(二)空间

与建筑实体相比,空间是虚体。然而,正是空间这个肉眼看不见只有用心感受的对象给环境艺术设计带来了无穷的魅力。它承载着对空间的阐释、组织、营造等多样的内涵。在场所中,正是实体与空间合理、有效的组合、搭配,构筑着人为环境的理想世界(图1-14)。并且,实体本身如建筑也具备内部空间使用价值。所以,毫不夸张地说,无论是室内环境还是室外环境都是对空间形态的研究和追求。

图1-14 法国巴黎的城市公共空间

空间的本质在于以下几个方面:
①容纳性,容纳人与物并构成一定的内在关系。
②内向或外向,用围合或开敞的手法引导人的心理归属。
③运动的,空间的转承、启合变换带来视觉的丰富体验。
④自我的,也是成为人或事物的背景,可以独立存在也可以依附于构筑物,空间可支配物体也可为事物所主宰。
⑤排斥力,空间具备的场所感排斥一切非空间意象的存在。
⑥可用来激发情感或产生一系列预期的反应。
⑦局部与整体,再单纯独立的空间都要与整体发生关系。
对空间的研究是环境艺术设计的重要内容,实际上它包含了

环境设计的各个方面,对场所性质的理解与表现是空间的基本功能,对空间情趣的营造则是空间的艺术性体现,这两个方面构成了空间研究中两个相互关联但又相对独立的部分(图1-15)。

图 1-15　美国加利福尼亚的城市公共空间

图1-16反映出空间研究的主要内容,我们从图1-17中可以看到,同样是楼梯,但是在空间中所扮演的角色却是多样的,设计师根据设计功能和形式的需要,将楼梯看作围合空间,它们激活空间的要素来营造空间的形象。

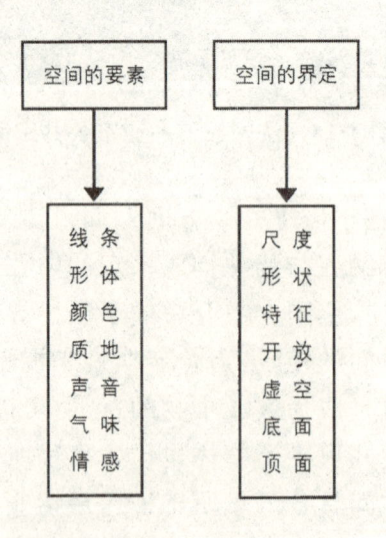

空间的要素	空间的界定
线条	尺度
形体	形状
颜色	特征
质地	开放
声音	虚空
气味	底面
情感	顶面

图 1-16　空间研究的主要内容

第一章 环境艺术设计概述

图 1-17 空间形态的多样化在空间设计中的体现

另外,对空间研究的层次非常丰富,仅尺度这一个内容就可以看出其内容的多样性(图 1-18)。我们要研究、探索的空间内容还有很多,越是对空间进行深入的研究,越会发现设计的多种可能性。

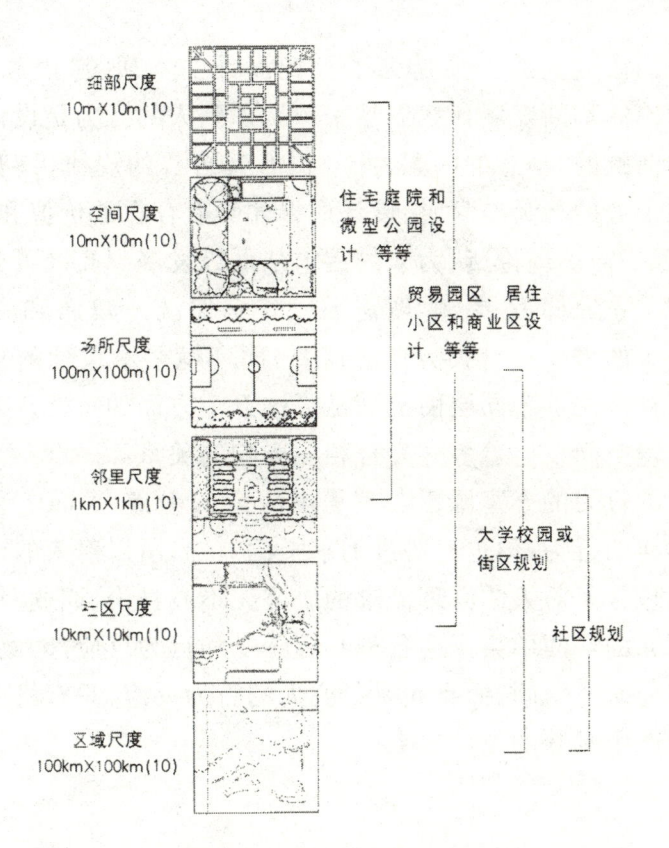

图 1-18 空间的尺度感

常见项目类型的基本尺度概念,特定项目的尺度概念根据项目目标、项目规模以及生态的、文化的和经济的背景而定。

(三)行为

行为是环境艺术中非物质形态的研究内容。

环境艺术设计最终的服务对象是人,任何环境离开人的参与和使用就变得毫无价值。所以,我们要定义和理解一个场所或空间前必定先要充分分析环境中的人的行为,并且围绕人的行为方式来展开对环境的建构。显然,行为的研究是非常重要的,虽然它不是物质形态,但却能够决定物质形态的组成和建构方式。

我们研究人的行为是为了找到设计的本质、缘由和方法。设计理论的不断发展让我们越来越认识到人的行为是设计中一个非常活跃的、动态的因素,并且也有其自身的规律,只有在设计重视了人的行为本身时,设计成果才具有存在的价值和意义。马斯洛的"需求理论"认为人的需求从低级发展到高级可分为五个层次,呈阶梯发展:生理需要—安全需要—归属和爱的需要—尊重的需要—自我实现的需要,而环境艺术设计的实用功能和精神功能从不同层面上满足了这五个方面的特征。人的行为和环境空间发生着多样复合相互影响的关系。

人的行为的丰富源于心理需求因素的丰富,表面上看来仿佛是同样的行为,但也有心理需求上的差异,所以对人的行为的研究也包含了对人的心理需求的研究。不同身份、职业、年龄的人在不同的空间中会产生各种心理感受和行为反应,因此,设计师不仅要研究空间,而且还要研究人的行为反应,只有将二者结合才能产生成熟的设计成果。

图 1-19　上海浦东新区的城市公共趣味设施小品

图 1-20　设施小品细节

从表 1-2 中我们可以看到人的行为研究的具体内容是怎样与设计联系并引导设计的。

表 1-2　步行环境中一般性的感官刺激

温度	显著的地形
湿度	植被
降雨	水景
长凳和可以坐人的矮墙	各种自然面镜
可以坐人的地面	太阳和阴影
横木、柱墩和把手	雨、雪、雾、水气
栏杆和扶手	烟
电话、自动售货机和提款机	垃圾
脚下的质感	标志牌
可触及的植物	商店的广告牌
水	橱窗展示
建筑立面	招贴广告
食品和饮品	告示板
人与人的接触	墙和栅栏
听觉	户外的家具和小品
一般的交通噪声	头顶上的电线和电缆
极端的卡车交通噪声	建筑
地铁的隆隆声	野生生物
飞机噪声	空间的整体特色
远处高速公路的噪声	工地
回声	表面质感
说话声	颜色组成
游戏活动发出的声音	色调对比
音乐和歌声	每日变化
职业的和业余的娱乐活动	季相变化
风声	月光
水声	夜光
野生动物发出的声音	明亮炫目之光和星体反射率
铃声、钟琴声、口哨声	位于重要地点的观景棚
随风鼓动的旗帜和织物发出的声音	优势地点
可移动的家具声音	普遍的秩序感
小商贩的叫卖声	整体的和谐
机器声	嗅觉

第一章　环境艺术设计概述

续表

暖气装置、通风装置和空调系统发出的声音	机动车排放物
人在各种地面上走动发出的声音	有气味的烟
视觉	新鲜空气
	芳香的植被
空间感（形式尺度等）	饭店出入口的气味
物体的形状	户外咖啡馆的气味
物体的比例和尺度	户外垃圾和残骸的气味
社会活动	废料场地的气味
车辆活动	排气扇

从某种角度说，"环境"可以被看作一种精神建构、一种环境意象，每个人有各自不同的创造和评价。意象是个人经验和价值观过滤环境刺激因素这一过程的结果。通过对人的行为的研究，将环境作为人的体验载体产生的一系列营造手段，引导人产生某种意象——这一过程以人为主体贯穿环境艺术设计的始终。

另外，随着时代的发展，环境空间的安全性问题、可识别问题的研究也日益迫切，所以环境行为的研究又促成了如何创造新型的空间形态，如出现"景观办公室"和"中庭空间"等。人的行为越来越成为设计中含金量最高的领域。

特别在竞争激烈的商业室内空间设计中，利用人们的各种心态、心理营造归属感、文化感，把人留住，找到商业经营的个性化特质的案例比比皆是。

图 1-21　上海某茶楼利用旧上海的文化符号要素
唤起人们的怀旧心理，实现其市场定位

(四)自然

实体、空间、行为都是对人和人文环境的研究,但我们不要忘记人并不是孤立地生存在地球上的,作为一个具有明确价值取向的学科,我们非常清楚我们的行为目的——人对环境的改造中的一切活动都是在探索怎样顺应和利用自然。因而,自然的一切必然成为我们了解和认识的重要内容。特别是在景观园林的范畴,关于自然中的风、水、土我们都要抱着谦卑的态度去仔细分析研究,并且把对自然的研究带到实际的人为环境的建造中,成为具体设计实践的指导方向,并更多地从整体性的角度考虑协调发展。

图1-22 上海浦东新区将绿地引入城市中心 CBD

图1-23 杭州充分利用自然资源所做的生态型的城市规划

对自然的研究我们可以分为以下几个方面。

（1）地形：地形的研究主要指对自然的审美意义，地形所产生的天际轮廓线、台地关系所导致的规划成本等问题。

（2）水土：包括水土保养、保持的研究，倾向于自然的生态学意义。

（3）气候：作为环境的背景资料，气候的研究包括可持续发展的策略、生态小气候的可调节手段等。

（4）植被：是环境中的软景观要素，包括对环境中植物的分析及利用，自然的生态功能和艺术功能在植被中的体现等。

设计过程和自然发生着种种不可分割的关系：①废弃物处理；②能源的利用；③材料的环保；④自然与人工环境空间的交融。

由此看来，设计不仅不能脱离自然孤立存在，而且一旦重视和利用好了自然，必定会给生产和生活带来巨大的益处。

第二节 环境艺术设计的特征

一、环境艺术设计的综合特征

（一）多种效益一体化

环境是由自然与人文、有机与无机、有形与无形各种复杂因素构成的，不是单一因素。它对人的影响也是各种因素的复合作用的结果。因此，人对环境的感受也是一种整体性的综合反应。人的生活，尤其是社会生活是多方面的，是不可能由一种因素来全面满足的。

环境艺术并不能简单地理解为环境加艺术或环境加装饰,它强调最大限度地满足使用者多层次的需求。环境艺术不但要满足人的休憩、工作、交通、聚散等本能需求,还要满足人的交往、参与、安全、隐私等社会行为的心理需求及审美需求。

环境的综合性特征体现在多种效益状态的一体化,包括社会效益、经济效益、环境效益。社会效益是环境所带来的人的精神方面、社会道德秩序方面、社会安定与安全方面的效益;经济效益是用经济杠杆衡量经济价值的高低、投资、经营、维护、再开发、土地利用和经济效益等方面的效益;环境效益则是生态、保护、防止公害、治理污染、改善物理环境和创造居住舒适的环境等方面的效益。表面上看,各有重点,但实际上这三者并不能独立存在,通常是互为条件、互为因果的关系,环境艺术设计中必须同时强调这三个效益的统一性。

环境设计作为经济和意识形态的载体,已发展成为一个地区、机构或企业自我效益实现的有力手段。从消费层次看,人的消费行为大体分为三个层次:第一层是生存需求;第二层是适应法则、共性、满足社会;第三层是追求个性的大批量品种,以满足不同消费者的高消费、高情感、高享受的需求。这种需求的满足,必然追求高附加值的商品环境,观念由"物的经济"向"知的经济"发展。

(二)环境设计的生态价值

环境的艺术设计的根本目的是使人健康、愉快、舒适、安全地生活。社会从低级向高级发展,而自然生态平衡是生物聚落维系生存的基本条件。在 21 世纪,城市环境设计的主要目标应是在高科技条件下向高层次的生态城市迈进。现代环境的现状并不理想,例如城市噪声、粉尘、电化学烟雾、有害射线、汽车废气、大气酸雨、高分子化合物的挥发、农作物的变质、人控环境中缺氧和化学垃圾,以及充斥整个环境的硬质构成物,都在损伤人类的身体健康,使人陷入紧张、自律性丧失的境地。所以,环境的质量首先要有利于生态平衡。

(三)环境设计的文化内涵

人与环境的相互作用是一种创造和被创造的关系。人创造了环境,环境又以潜移默化和暗示的作用反施于人,使人在环境的熏陶下被塑造。所以,环境应以正诱导来对人进行影响,使人从环境中得到有意义的启迪,丰富形象的参与,产生民族的认同,并从中获得满足。环境艺术和其他造型艺术一样,有它自身的组织结构,表现为一定的肌理和质地,具有一定的形态和性状,传达一定的情感信息,容纳一定的社会、文化、地域、民俗的含义,具有它特有的自然属性和社会属性,属于科学、哲学和艺术的综合。

自然属性,指环境构成要素中包括的物理元素,例如非经人工雕凿修饰的山川地貌。在创造环境中,按人们头脑中的创作意象,加入环境中的人文成分,通过这些人为要素和使用者、参观者产生环境信息和情感信息的交流。

社会属性是以有形的和无形的两种形态产生刺激作用,通过人们的了解和认同,构成意义,产生情绪和情感体验。有形的因素成为显性元素,多以明示和引导的方式起作用;无形的因素词语、社会规范、风俗民情等称为隐性元素,多以隐喻和暗示的方式起作用。

环境艺术设计是一门新兴的学科,它是建立在现代环境科学研究的基础上,集规划学、建筑学、景园学、室内设计学、工程结构学、人体工程学、美学,行为心理学、人文地理学、生态学、符号学、社会学、建筑装饰材料学等多门学科知识构成的多元综合性边缘学科。

从广义上讲,环境艺术设计是一项包括了艺术设计的系统工程,它从人文、生态、空间、功能、技术、经济与艺术等方面进行综合设计。环境设计的一个重要特征是跨越学科的综合性,以及协调各个构成要素之间关系的整体性。并且在表达时代的审美追求方面有着代表性的意义。

现代环境设计理论,对多种环境问题进行深入的探索,使环境设计在强调人与物、人与自然,物与物、物与自然的关系上得到完美体现。

二、环境艺术设计是独特的空间艺术

环境艺术是种独特的空间艺术,是在一定的空间中表现出来的艺术效果,例如日本庭院设计中经常采用"扒沙"再造自然江河(图1-24)。环境空间艺术包括自然空间与人造空间。自然空间是指自然界的大空间,如高山、海洋、湖泊、森林等,它是自然形成的空间。人造空间是人们在自然空间中的再创造,如人工建造的构筑物就形成了建筑空间,它又包括了外部建筑空间与内部建筑空间。

图1-24 环境艺术空间

(一)空间限定

虽然人为限定了外部建筑空间,但在界域上它是没有限定的,起伏转折走向多变。与室内空间相比,室外空间更具广延性和无限性的特点。在时间上表现为前后相随、步移景移。因此外部空间多具有的变化性,往往比室内反应更强烈。

在环境设计的概念中,只有对环境加以目的性的限定,才具有设计的实际意义。设计中点、线、面运动的方向和距离不同而呈现出不同的形体,例如方形、圆形、自然形态等。不同形态的单体与单体并置,形成聚合的形体,形体之间的虚空,又形成若干模拟的空间形态。

不管是室外空间还是室内空间,空间的限定是基本的。从这个概念出发,环境艺术设计的现实意义,就是研究各类环境中静态实体、动态虚体以及它们之间关系的功能与审美取向。虚、实两者,前者为限定要素的本体,后者为限定要素的虚体。由建筑界面围合成的内部空间,常常是环境艺术设计的主要内容。

(二)空间序列

空间不与人的行为有联系,它就不具有任何现实意义。因为它单独存在时只是一种功能的载体、行为的诱因、影响的条件、信息的刺激要素和事件的一种媒介。空间和行为相结合,才能构成行为的场所,产生实际的效益。

在环境艺术设计中,常常用到空间序列这个概念。空间序列在客观方面表现为:环境空间以不同的尺度与样式连续排列的整体形态;在主观上,这种连续排列的空间形式则是由时间的先后序列来体现的。空间是以相互衔接的形式存在的,时间是以前后相随的形式存在的。

人在同一空间以不同的速度进行,会有不同的空间感受,从而产生出不同的环境审美感受(图 1-25)。环境艺术设计是一种时间、空间、速度的时代感应的共同产物。

图1-25 从上到下、从前到后的时空

空间序列的类型,可按空间组合形式分为短序和长序、平直序列、垂直序列、简单序列和复杂序列等。序列空间可划分为前景、发展、高潮和结尾几个部分。前景是开端通过相应的造景手段,使人从纷杂心态中将注意力集中到环境气氛中来,即所谓的内心定情。发展是经过前景后的深化,把环境设计重点放到引人入胜上来,不断发展组织空间。高潮是人的注意、兴致、情感因高潮的出现而为之振奋,使人流连忘返。结尾是希望使人有所回味,有景断意联的感觉。

(三)动态空间

在环境艺术设计中,所谓动态空间,并不局限于人和物产生相对位移,还包括视觉对象所表现的一种力的倾向性运动,一种势态,一种视觉上的张力运动。格式塔心理学认为:"艺术形式与我们的感觉、理智和情感生活所具有的运动态形式是同构形式。"如果艺术形式表现出力的倾向，人们在观察时也会产生一种与审美客体发生相同倾向的心理力感。

三、环境艺术设计的组合形式

环境是由群体空间组合而形成的，是由若干个单元建筑组合而成的，与环境保持着物质的、能量的、信息的交换关系。同时，群体内部各单元之间也存在着功能区分、结构联系、行为秩序、环境景观协调等一系列问题。因此，环境艺术设计中的空间组合，目的在于创造一个既符合内部使用要求，又与环境整体保持和谐统一；既满足物质功能，又满足精神功能的有机整体。

(一)空间的结构

结构是联结整体的框架，是组成元素之间按一定的脉络、一定的依存关系而形成有机联结。研究结构，就是研究各要素之间的组合关系。任何建筑空间，都有整体与局部、系统与系统之间的关联及其相互依存的关系。

环境的结构由显性和隐性两部分组成。显性结构是由可见的物质环境系统构成的。包括建筑与人工构筑物，由建筑围合成的空间场所、场景等因素。

所谓隐性结构，是指无形环境，其组成因素很多。包括环境介质，例如气象、天象、物象等；人性要素，例如社会性、文化性、民族与阶级性；情感因素，例如审美性、自娱性、安全性、自主性、社会因素等。隐性结构是社会文化在人的大脑中反映出来的组合关系。

显性结构与隐性结构二者之间虽领域不同，却存在着异质同构关系，其结构作用极其相似。所以，在研究环境的空间结构中，可以相互借鉴，常常有人用仿生学中的动、植物结构来模拟建筑空间的结构(图1-26)。

图 1-26 仿植物模拟建筑空间结构

(二)空间组合的方法

空间组合是综合的法则,是建立在正确分析的基础上的。分析是分析空间矛盾的各个侧面,剖析具体的问题,取得本质认识。综合就是把握主要空间矛盾进行取舍,用不同方法解决不同质的空间矛盾。在群体建筑的空间组合中需要分析的方面包括功能、形态、环境、文脉、经济、技术、结构等。分析得越全面,综合的因素越多,方案也就越合理。主要的分析方法有功能分析法和建筑组合方法。

建筑组合方法又分为单元组合法、几何组合法、辐射式组合法、廊院组合法、院落空间组合法、轴线对位组合法。

单元组合法,将建筑按结构特征和建筑体的特征划分为基本单元、扩大单元。各单元之间,按分节秩序和连续生长秩序将其组合起来,构成一种群体。例如图 1-27 和图 1-28 所示,这种方法应用简单,结构关系明确,适用范围较广,组合较灵活,符合规则性与灵活性的统一原则。

第一章 环境艺术设计概述

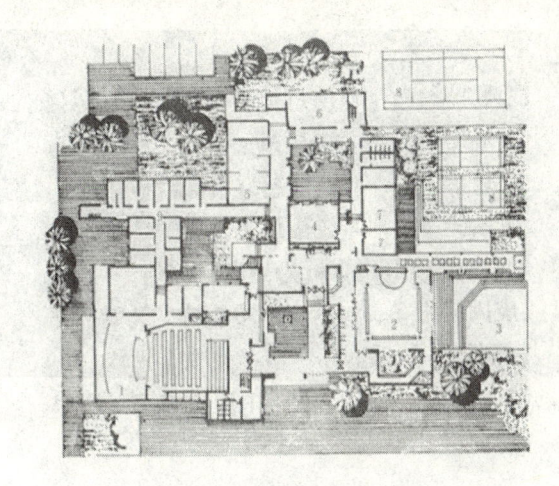

图 1-27 按结构和建筑体划分的单元组合

图 1-28 按分节与连续秩序进行组合

几何组合法,采用重复的韵律,利用变方位、变大小、变数量、变正负、变虚实等方法促进空间形式的多样化,克服单一形态的乏味感(图 1-29)。

图 1-29　追求几何变化的几何组合

辐射式组合法是以一个中心为原点，通过发散的肢体向四周辐射，形成自中心向周围辐散和由四周向中心辐合的群体空间秩序，其组合形式有网状的、枝状的、脊椎带状的、分岔的，具有自由、奔放、豪爽之特性(图 1-30)。

图 1-30　辐射式组合法

廊院组合法，又称为以线联方和街巷串组的组合方法，是以通道、走廊、过厅等线性构件作为联系纽带，将各建筑单元组合在线的一侧和两侧，纵横交错，构成院落式的空间。例如北京的四合院就是这种组合形式的典范(图 1-31)。

第一章　环境艺术设计概述

图 1-31　廊院组合法

　　院落空间组合法是利用建筑周边围合,形成一个具有内聚力、收敛的、向心的院落空间。这种空间的秩序是由四边向中心辐合,小院与四周建筑呈等距离直接联系,属内向组合的面关联空间,适于多选择性的空间。院落空间可以按单院式组合,也可按复院式组合,也可沿纵向组织多级多进的空间(图 1-32)。

图 1-32　院落空间组合法

　　轴线对位组合法,轴线是一种线性关系构件,它具有串联、控制、统辖、组织两侧建筑的作用。它使各分散的建筑单元以它作为联系的纽带,形成一种线形结构关系,连接成一个整体。轴线对位,即线的两侧及在线上的建筑,与线构成贯穿、相切,以及邻接的关系。用线作为秩序的构件,可以通过串联、并联、包容等方法组成整体(图1-33)。

图 1-33　轴线对位组合法

第三节　环境艺术设计的本质

一、艺术与科学的统一

环境艺术设计是生活方式的设计,一切艺术都要为美化人类的生活服务,这是环境艺术设计的宗旨,其中实用功能是环境艺术设计的主要目的也是衡量环境优劣的主要指标。从发生学的观点来说,实用功能是产生认知功能的基础,这就要求环境艺术中有科学的一面。

环境艺术不仅要求设计一个实用的环境,还要设计一件艺术品,这与美学息息相关。环境艺术受很多艺术学科的影响,其艺术性涵盖形态美、材质美、构造美及意境美,这些往往通过形式来体现(图1-34)。形式的考虑主要在于各元素的统一,以便形成视觉上有力的群体。元素之间的变化,要避免单调与乏味,还要顾及尺度比例,以便与周围环境及使用者搭配。除了以上这些,在环境艺术表现中还应该注意色彩、质感、重复、平衡、韵律、象征等要素。

图 1-34　环境艺术设计

　　环境艺术设计是一件艺术品,但在创造这件艺术品的同时,需要科学的力量,所以只有当科学性和艺术性结合时,才能创造出好的环境设计作品。从设计这一大范围来说,设计就是使用一定的科技手段来创造一种理想的生活方式。科技对设计产生直接的影响,尤其是工业革命以后人们进一步思考设计与科学之间的关系,科技的进步创造与其相应的日常生活用品及环境不断改变着人们的生活方式,环境设计师就是把科学技术日常化、生活化的先锋,他们必须根据人机工程学、行为科学、心理学等要求在新的技术中发现新的表现的可能性进行创造性的设计。

　　艺术科学化,同时科学也要艺术化,环境艺术的艺术性与科学性在设计上集中体现在形式与机能的关系上。机能针对功能而言主要反映在设计过程的各个阶段中,如基地环境的配合,所使用材料的性能,空间关系与组织以及人在环境中行进的路线等。各种结构系统使它得以建造起来(图 1-35)。

　　科学能够给美提供主要的根据,美能够把最高的结构建筑在真理之上。随着环境声学、光学、心理学、生态学、植物学等学科适用于环境艺术设计之中,以及利用计算机科学、语言学、传播学的知识来对人与环境进行深入研究与分析,相信环境艺术设计会更加深化,其艺术性与科学性会结合得更为完美。

图1-35　科学性与艺术性结合

二、感性与理性的统一

有很多动物在生存环境有所变化或遇到生存危机时能够以先天就具备的生物性机能来改变个体或群体的行为方式或生活方式,来适应变化了的生存环境。如蜥蜴会随着环境的改变而变换皮肤的颜色,关在笼子里的猩猩会利用竹竿来取放在远处的食物。这种天生的行为,让我们想到了,如果说设计是一种为达到预想的目的而制订的计划和采取的行动,那么人的设计行为显然不同于动物的先天行为。人不仅懂得按照任何物种的尺度来进行生产并且随时随地都能用内在固有的尺度来衡量对象,而且还能按照美的规律来塑造。

感性主要是指从"创造性"出发来探索环境艺术。现代科学研究表明人的创造活动离不开想象和思维。想象和思维同属认

第一章　环境艺术设计概述

识的高级阶段,它们均产生于问题的情景下,由个体的需要所推动,并能预见未来。在环境艺术设计中潜意识与直觉起着相当重要的作用。只有经过潜意识的活动才能产生灵感。

环境艺术的理性体现在,在设计过程中建立适当框架,对资料与元素进行全面分析理解最终综合归纳,使环境艺术作品体现出秩序化及合理化的特征。环境艺术应具备理性容量与感性容量,是理性与感性的统一,是建立在对其艺术与科学双重性的认识基础上的。环境艺术作为艺术必须以个性反映本质,始终与个性、偶然性紧密联系,而作为科学它却又不能沉迷于偶然性、个性之中,它必须以逻辑反映本质。

环境艺术设计中的随意性是建立在理性之上的,它包括积累了丰富的生活经验,比如对空间类型及使用功能的体验,对各种自然环境及人文环境的体验,对城市各种机能的了解;积累了典型的设计图式等。人们对某一具体设计作品进行审美感知和审美评价的过程也是感性与理性的统一,而环境艺术体现出来的是多种思维的综合表现,设计者必须依靠高级复杂的创造思维活动,才能创造出满足人们各种物质与精神需求的环境场所(图1-36)。

图1-36　现代环境艺术设计

三、物质与精神的统一

在人类发展过程中的特定历史时期,由于认识自然社会的程度不同,所以改造自然社会的手段也不同,这也是人为事物的一个显著特征,就是具有限定性。限定性主要表现在不同的民族、地区、社会制度、文化传统、时代对适应自然、改造自然以求生存享受和发展时所用的材料、工艺、技术、生产方式、设计美学等是有所不同的,因而创造出来的人为事物就是多元的。所以不同的民族、时代、经济模式、社会机制等会产生不同的艺术设计。

在我们周围几乎每样东西都有人工技能的痕迹。我们的世界是由许许多多的人为事物组成的,是人化的自然,又称为第二自然。理想的人为事物并不是破坏自然、榨取自然,而是利用自然使人与自然和谐相处,使其更好地为人的生存和发展服务。

作为人为事物的环境艺术具有物质和精神的双重本质,其物质性表现为:第一,组成环境的物质因素,包括自然物和人工物。第二,环境艺术的设计与完成是通过有形的物质材料与生产技术工艺进行的物质改造与生产。

组成环境的精神因素通常也称为人文因素,是由于人的精神活动和文化创造而使环境向特定的方向转变或形成特定的风格与特征。这种精神因素贯穿在区域民族关系和历史时代关系之中。从区域民族关系上来说,不同地区民族的宗教信仰、伦理道德、风俗习惯、生活方式决定着不同的环境特征;从历史时代上来说,同一地区的民族在不同历史时代,由于生产力水平、科学技术、社会制度的不同也必然形成不同的环境特色,例如中世纪时期的欧洲城市(图1-37)和现代城市就具有截然不同的特征(图1-38)。精神性能反映出一个民族,一个时代的历史文脉、审美心理和审美风尚等。

图 1-37 德国中世纪时期的城市

图 1-38 现代城市

第四节 环境艺术设计的基本议题

  环境艺术设计的工作对象是人的活动空间和相关元素。首先,空间的格局奠定了我们对环境的最基本的印象。其次,空间由各种元素来界定。这些诸如构筑物、植物、山水等元素本身具有不同的形态,它们表面的色彩和材质等也直接影响到我们对空间环境的感受。此外,空间中有各种各样的构件或物品,有的给人以视觉愉悦感,如雕塑等;有的具备一定的使用功能,如座椅(图1-39)、饮水泉、垃圾桶等;有的传播一定的信息资讯,如广告牌等。最后,这些元素的细节处理也影响到我们的感受。以下具体说明环境艺术设计工作所关注的基本内容。

图1-39 空间中有各种各样的构件或物品,可给人以视觉愉悦感,如座椅、饮水泉等

一、空间的布局

对于一个空间来说,我们获得的最基本的印象来自于空间的格局,例如传统中国园林中的曲径通幽和西方古典园林中的讲究对称、视野开阔的布局完全不一样。因此,空间的布局和结构形态是区别一个物质环境与另一个物质环境的前提。通过组织空间的等级和秩序,巧妙地安排和利用空间不同的形态间的对比、呼应、距离等,如苏州网师园(图1-40),设计师可以创造出一系列视觉的"悬念"和节奏,引导使用者有意无意间不断地体验惊喜和激动,等等,即使这是一个已为人所熟知的次序。一个有意义的场所,必须具有可辨析的空间结构。所以清晰的空

间格局、良好的视觉秩序感是空间环境艺术质量的重要标志,如瑞士娜沙黛古城(图 1-41)。

图 1-40　苏州网师园

图 1-41　瑞士娜沙黛古城

二、界定空间的元素

空间需要各种元素来界定。一个空间环境通常是由柱廊、墙、家具、街具、植物、水景等一系列元素界定的。这些不同材质、不同形态、不同功能的元素赋予了空间丰富的表情和内涵。例如,即便是一段实墙,它的尺度、材质、色彩、光影效果、墙面上的图案文字,都在赋予该空间个性,如瑞士比尔古城(图 1-42)。

而植物枯荣的四季变化,喷泉或水池在一天当中不同时刻、不同天气下变换着的色泽、形态,甚至声音,都极大地加强了空间的丰富性,如瑞士琉森古城(图 1-43),增加了使用者感官体验的选择机会。

图 1-42 瑞士比尔古城

图 1-43 瑞士琉森古城

三、空间的界面

实体构筑物本身会形成一系列空间的界面,界定空间的各元素的表面也形成了该空间的界面,一个个有形或无形的面构成了我们的活动空间。我们走动在这些面与面之间,或者面上、面下。作为一种装饰、信息传达及塑造人的尺度感的手段,我们对表面的丰富化产生共鸣,如瑞士比尔古城某广场(图 1-44)。室内空间的各界面,诸如墙面、天花板、地面等较易于理解,室外环境也遵循相似的规则。

最常见、最典型的外环境空间的表面之一是建筑物的立面,而可能和使用者接触并影响较大的多为建筑物基部立面,即底层至二三层建筑部分的立面。因此,围合一个开放空间的建筑物的立面对开放空间里的人的活动意义重大,并且,空间规模越小,周边建筑物立面所产生的积极或消极的影响越大。

图 1-44 瑞士比尔古城某广场

另一个无处不在的表面是地面。在室内环境中,我们会精心选择各种各样的材料和铺装方式。室外环境,尤其是室外公共场所,也应该具有与室内空间相同的质量。一个典型的例子是城市环境的地面铺筑在很大程度上影响着我们的活动。虽然现代城市越来越喜欢用沥青、水泥等适于大面积快速施工和机动交通的粗放的地面处理方式,人们却越来越怀念传统城镇里适于步行速度、给人以尺度感的各种细致的铺地,如法国巴黎某广场(图1-45)、日本东京国际会议中心广场(图 1-46),想象一下如果没有铺地图案,这些地方会是什么样,铺地设计的视觉功能不辨自明。我们或许可以得出这样一个结论:越是大的空间,用以达到所需要的尺度感的铺地图案的作用就越是积极有效。

图 1-45　法国巴黎某广场

图 1-46　日本东京国际会议中心广场(1)

四、空间中的物品

空间中的物品包括雕塑、陈设、家具、街具、指示牌、绿化、水

第一章 环境艺术设计概述

景等。它们在提供给人以视觉舒适性的同时,还具有休憩、引导等使用功能,此外还是信息传播的媒介。

空间中的物品在一个环境中具有陈设功能的同时,往往还具有空间划分的功能。例如即使是简单的休憩座椅,通过不同的摆放方式,亦能形成一个个便于交流的次空间,如日本东京国际会议中心(图1-47)。

图1-47 日本东京国际会议中心广场(2)

我们要营造的是一个环境场所,因此空间中的物品还必须适合该环境,并有助于塑造该空间的场所感。不仅雕塑小品设计和布局要有个性,较为普遍的家具、街具设计亦如此。家具是室内空间中的重要角色,街具则是室外空间,尤其是城市公共空间的重要元素。通常每个元素都无一例外地要找到它的位置,而无须改变其形式。但同时,还必须尽可能地使每个设计与城市整体设计方案相协调。因而,为什么要对同一城市的不同部分进行具体的设计就可想而知了。与室内家具不同,使用者不会去购买城市设施。这就需要我们在提高大多数公民对城市元素的认识上下功夫。减少单个城市元素的设计数量有助于提高人们对城市元素的认识和使用水平。街具的设计和布局直接反映了城市空间场所的质量,影响着人的活动和行为,因而也是环境设计工作的重要内容之一。

街具,又称城市环境设施、城市元素。一个城市可以没有高楼林立,但不可缺乏环境设施和元素。

五、空间的分界

道路坡道、栏杆扶手。
休憩。
座椅、凳。
照明、灯具。
花园与水:花池、树根格栅、路缘和饮水泉。
信息:路标、信息发布栏和广告牌、时钟。
公共服务:邮筒、电话亭、儿童游乐设施、健身设施。
商业:书报亭、花亭、售货亭、冷饮摊、自动售货机、玻璃橱窗。
交通管理:轻轨、地铁出入口、公交候车亭、人行天桥、地下通道、自行车停放处。
清洁供给:垃圾箱、烟灰皿、消防栓、独立式公厕。
残障人士专用:坡道、地面铺装、专用停车位、电话亭、卫生间、饮水泉(图 1-48)。

图 1-48　街具

六、材料与细部

空间各表面和空间中的元素都是通过不同材料塑造出来的,这些材料的色彩、质地直接影响着使用者的感官体验,而材料塑造过程中的施工工艺又反映在细部上。由于使用者与空间界面和元素的接触较为直接,适宜的材料和良好的细部处理对使用者来说尤为重要。有人说"上帝在细部"是很有道理的。好的空间功能设计以及好的细部设计会使使用者感到体贴入微的关怀,日本东京某室外楼梯的扶手(图1-49)就能体现这一点。因此,设计师不仅要解决好使用功能配置和空间整体设计,而且要重视细部设计。

图1-49 日本东京某室外楼梯的扶手

第五节　环境艺术设计的目标

在包豪斯设计思想中有一个亮点："设计的目的不是产品,而是人。"现代设计是以"人"为中心,是运用科学技术创造人的生活和工作所需要的物质和环境,并使人与物质、人与环境、人与社会相互协调。人具有生物性与社会性,所以"为人的设计"便拥有双重含义。这种双重属性,在共同建构的整体系统中实现着微妙的平衡。平衡过程,也影响了作为群体存在的物体的风格特征。当现代主义本着"功能第一,形式第二"的设计原则为世界创造了数以千万计的几何形的产品与建筑时,它所标榜的"国际化"和"标准化"带来的异化现象,打破了人类追求物质与精神互为平衡的要求,使人们在心理上产生了排斥、抵触和失落的情绪(图1-50)。而人类与生俱来的对艺术、传统、装饰、民族等因素的关注,促成了一种新的观念和风格的诞生,这就是后现代主义(图1-51)。这是设计自身受社会环境条件及人类精神需求的影响而产生的平衡选择,也是设计目的顺应时代特征的变化形式。

图1-50　现代主义环境设计

第一章　环境艺术设计概述

图 1-51　后现代主义环境设计

人要求通过各种形式的物质使用,满足生存的需要,体现了人类认识自然、改造自然的物质生产过程以及生存方式的更新变化过程。人是现代环境设计的核心要素,当代设计的任务是考虑与人有关的一切活动,并为这些活动提供最佳的服务和条件。从这个角度来说,"为人服务"最基本的表现形式是环境设计要适应人的生理特点,满足人的生理愿望。因此,充分考虑物质结构、处理好造型功能与人的关系,是现代设计环境的立足点。人类的需求是不断发展的,"为人的设计"作为一个变化的动态体系,还存在于通过创造物质来引导需求的过程中。人类的环境需求决定着环境设计的方向,表现为回归自然、尊重文化、高享受和高情调的多样性、自娱性与个性化的趋向。营造从精神到物质都理想的空间是当代人新的需求,设计的过程就是满足这种需求的过程(图 1-52)。

环境设计作为协调诸多因素的人类改造自然和自身的主动行为,其内在的驱动力就是创造。"合理的生存方式"界定了设计创造的目的和原则,使创造活动在此前提下得以实现。"合理"是创造的审美标准,是评价"生存方式"美与不美的原则。合理的概念中融会了主客观的统一,融合了真与善的协调,从而达到美的境界。合理是指合乎客观规律的过程,就是美的形成过程。合理的生存方式作为设计目的的衡量原则,是一个动态的变量体系。

图 1-52　公共环境设计

　　环境设计在很大程度上从设计为少数人服务的奢侈品转化为设计为大多数人服务的必需品,为人服务的设计目的表现为立足于满足绝大多数人的需求而完成设计。这种转化,促进了对"人"更加深入的理解,同时也促进了环境设计的商品化趋势,从而使设计成为全人类共同享有的财富。

第二章 环境艺术设计的主体
——环境设计师

当今,随着社会的发展,科学技术的进步,人们的审美观与生活水平不断地提高,因此环境艺术设计师们肩负着处理自然环境与人工环境关系的重要职责,他们绘制的设计蓝图深深地影响和改变着人们的生活,也体现了国家文明与进步的程度。为此,本章节主要研究环境设计师的要求及修养、环境设计师的创造性能力。

第一节 环境设计师的要求及修养

一、环境设计师的要求

虽然环境艺术设计的内容很广,从业人员的层次和分工差别也很大,但我们必须统一并达成共识:我们到底在为社会、为国家、为人类做什么?是不断地生产垃圾,还是为人们做出正确的向导?是在现代社会光怪陆离的节奏中随波逐流,还是树起设计师责任的大旗?设计是一个充满着各种诱惑的行业,对人们的潜意识有着深远的影响,设计师自身的才华更使得设计充满了个人成就的满足感。但是,我们要清醒地认识到设计的意义,抛弃形式主义,抛弃虚荣,做一个对社会、国家乃至人类有真正价值贡献的设计师。对环境设计师的要求主要体现在以下几个方面:

(一)要确立正确的设计观

环境艺术设计师要确立正确的设计观,也就是心中要清楚设计的出发点和最终目的,以最科学合理的手段为人们创造更便捷、优越、高品质的生活环境。无论在室内还是室外,无论是有形的还是无形的,环境艺术设计师不是盲目地建造空中楼阁,也不是闭门造车,而是必须结合客观的实际情况,满足制约设计的各种条件。在现场中,在与各种利益群体的交际中,在与同等案例的比较分析中,准确地诊断并发现问题,在协调各方利益的同时,能够因势利导地指出设计发展的方向,创造更多的设计附加值,传递给大众更为先进、合理、科学的设计理念。人们常说设计师的眼睛能点石成金,就是要求设计师有一双发现价值的眼睛,能知道设计的核心价值,能变废为宝,而不是人云亦云。

(二)要树立科学的生态环境观念

环境艺术设计师还要树立科学的生态环境观念。这是设计师的良心,是设计的伦理。设计师有责任也有义务引导项目的投资者与之达成共识,而不是只顾对经济利益的追逐。引导他们珍视土地与能源,树立环保意识,要尽可能地倡导经济型、节约型、可持续性的设计,而不是一味地盯在华丽的形式外表上。在资源匮乏、贫富加剧的世界环境下,这应该是设计的主流,而不是一味做所谓高端的设计产品。从包豪斯倡导的设计改变社会到为可持续发展而默默研究的设计机构,我们真的有必要从设计大师那里吸取经验和教益,理解什么是真正的设计。

(三)要具有引导大众观念的责任

设计师要具有引导大众观念的责任。用美的代替丑的,用真的代替假的,用善的代替恶的,这样的引导具有非常重要的价值。设计师要持守这样的价值观,给群体正确的带领。设计师的一句话也许会改变一条河、一块土地、一个区域的发展和命运,所以设计师这个群体是何等重要的群体,这才是我们从业的根本。

二、环境设计师的修养

曾有戏言说"设计师是全才和通才"——他们的大脑要有音乐家的浪漫、画家的想象,又要有数学家的严密、文学家的批判;有诗人的才情,又有思想家的谋略;能博览群书,又能躬行实践;他们是理想的缔造者,又是理想的实现者。这些都说明设计师与众不同的职业特点。一个优秀的设计师或许不是"通才",但一定要具备下面几个方面的修养。

(一)文化方面的修养

把设计师看成是"全才""通才"的一个很重要的原因是设计师的文化修养。因为环境艺术设计的属性之一就是文化属性,它要求设计师要有广博的知识面,把眼界和触觉延伸到社会、世界的各个层面,敏锐地洞察和鉴别各种文化现象、社会现象并和本专业结合。如图 2-1 所示,意大利设计大师罗西的手稿体现出其深厚的文学功底和敏锐的观察力。

图 2-1 体现文化修养的手稿

文化修养是设计师的"学养",意味着设计师一生都要不断地学习、提高。它有一个随着时间积累的慢性的显现过程。特别是初学者更应该像海绵一样持之以恒地汲取知识,而不可妄想一蹴而就。设计师的能力是伴随着他知识的全面、认识的加深而日渐成熟的。

(二)道德方面的修养

设计师不仅要有前瞻性的思想、强烈的使命意识、深厚的专业技能功底,更应具备全面的道德修养。

道德修养包括爱国主义、义务、责任、事业、自尊和羞耻等。有时候,我们总片面地认为道德内容只是指向"为别人",其实,加强道德修养也是为我们自己。因为,高品质道德修养的成熟意味着健全的人格、人生观和世界观的成熟,在从业的过程中能以大胸襟来看待自身和现实,就不会被短见和利益得失而挟制,就不会患得患失,这样,才能在职业生涯中取得真正的成功。

环境艺术设计与生活息息相关,它需要它的创造者——设计师具备全面的修养,为环境本身,也为设计师本身。一个好的设计成果,一方面得益于设计师的聪明才智,另一方面,其实更为重要的是得益于设计师对国家、社会的正确认识,得益于他健全的人格和对世界、人生的正确理解。一个在道德修养上有缺失的设计师是无法真正赢得事业的成功的,并且环境也会因此而遭殃。重视和培养设计师的自我道德修养,也是设计师职业生涯中重要的一环。

(三)技能方面的修养

技能修养指的是设计师不仅要具备"通才"的广度,更要具备"专才"的深度。

设计师对各种相关因素进行综合权衡,并最终通过设计形式把一切表达出来,这正是他们和工程师、技师的区别。"设计

第二章 环境艺术设计的主体——环境设计师

师应该有把功能和艺术格调(比例、敏感性、戏剧性特征以及和其他与'美'密切相关的因素等等)组织起来的能力。"这里的技能不是某个单一的技能,而是综合性的技能。

我们可以看到,"环境艺术"作为一个专业,确立的合理性反映出综合性、整体性的特征。这个特征,包含了两个方面的内容,一个是环境意识,另一个是审美意识,综合起来可以理解为一种宏观的审美把握,其缺失在中国近 20 年突飞猛进的建设过程中表现得尤为明显,其迫切性也越来越为人们所认识。

除了综合技能,设计师也需要在单一技能上体现优势,如绘画技能、软件技能、创意理念等。其中,绘画技能是设计师的基本功,因为从理念草图的勾勒到施工图纸的绘制都与绘画有密切的联系。从设计绘图中,我们很容易分辨出一个设计师眼、脑、手的协调性与他的职业水准和职业操守。由于软件的开发,很多学生甚至设计师认为绘画技能不重要了,认为电脑能够替代徒手绘图,这种认识是错误的。事实是,优秀的设计师历来都很重视手绘的训练和表达,从那一张张饱含创作灵感和激情的草稿中,能感受到作者力透纸背的绘画功底(图 2-2)。

图 2-2 商业空间手绘预想图

第二节 环境设计师的创造性能力

激发设计师的创意,挖掘其潜在创新能力,促使其进行高品位的设计,是开发创造力、培养创造性能力的核心。创造力是设计师在创造性活动(即具有新颖性的不重复的活动)中挥发出来的潜在能量,培养创造性能力是造就设计师创造力的主要任务。

一、环境设计师创造能力的开发

人类认识前所未有的事物称之为"发现",发现属于思维科学、认识科学的范畴;人类探索、研究、感悟宇宙万物变化规律的知识体系的总称一般称之为"科学";人类掌握以前所不能完成、没有完成工作的方法称之为"发明",发明属于行为科学,属于实践科学的范畴,发明的结果一般称之为"技术";只有做前人未做过的事情,完成前人从未完成的工作才称之为"创造",不仅完成的结果称"创造",其工作的过程也称之为"创造"。人类的创造以科学的发现为前提,以技术的发明为支持,以方案与过程的设计为保证,因此,人类的发现、发明、设计中都包含着创造的因素,而只有发现、发明、设计三位一体的结合,才是真正的创造。

创造力的开发是一项系统工程,它既要研究创造理论、总结创造规律,还要结合哲学、科学方法论、自然辩证法、生理学、脑科学、人体科学、管理科学、思维科学、行为科学等自然科学学科与美学、心理学、文学、教育学、人才学等人文科学学科的综合知识。另外,还要结合每个人的具体状况,进行创造力开发的引导、培养、扶植。因此,对一个环境设计师来说,开发自己的创造力是一项重大而又艰苦细致的工作,对培养自己创造性思维的能力、提高设计品质具有十分重要的现实意义。

人们常把"创造力"看成智慧的金字塔,认为一般人不可高攀。其实,绝大多数人都具有创造力。人与人之间的创造力只有高低之分,而不存在有和无的界限。21世纪的现代人,已进入了一个追求生活质量的时代,这是一个物质加智慧的设计竞争时代,现代设计师应视其为一种新的机遇。这就要求设计师努力探索和挖掘创造力,以新观念、新发现、新发明、新创造迎接新时代的挑战。

按照创造力理论,人的创造力的开发是无限的。从脑细胞生理学角度测算,人一生中所调动的记忆力远远少于人的脑细胞实际工作能力。创造力学说告诉我们,人的实际创造力的大小、强弱差别主要决定于后天的培养与开发,美国创造学家S.阿瑞提说:"创造活动可以被看成具有双重的作用:它增添和开拓出新领域而使世界更广阔,同时又由于使人的内在心灵能体验到这种新领域而丰富发展了人本身。"

与创造性能力开发最为密切的素质有自信、质疑、勇敢、勤奋、热情、紧迫感、好奇心、兴趣、情感和动机等。有学者对1901—1978年的325名诺贝尔科学奖获得者进行了分析,发现他们具有共同的素质:选准目标,坚定不移;特别勇敢,不顾一切;思路开阔,高度敏捷;注意实践,认真探索;富于幻想,大胆思考;坚忍顽强,勤奋努力;浓厚兴趣,无休止的好奇。由此可见,要提高设计师的创造性、开发创造力,就应该主动地、自觉地培养自己的各种创造性素质。

二、环境设计师创造性能力的培养

创意能力的强弱与人的个性、气质有一定的关联,但它并不是一成不变的,人们通过有针对性的训练和有意识的追求是可以逐步强化和提高的。创意能力的强弱与人们知识和经验的积累有关,通过学习和实践,能够得以改善。对创意能力进行训练,既要打破原有的定式思维,又要有科学的方案。下面是一些易于操作又十分有效的创意能力训练的方法。

(一)脑筋急转弯

有的人认为脑筋急转弯是很幼稚的游戏,其实这种游戏对于成年人放松身心非常有效。下面是一些常见题目。

(1)什么东西加热以后会凝固?

(2)什么产品制造日期与生产日期是同一天?

(3)一位老人上了公交车,为什么没人让座?

(4)什么书在书店买不到?

(5)什么水能取之不尽,用之不竭?

(6)大雁秋天为什么要飞到南方去?

(7)往一个篮子里放鸡蛋,假定篮子里的鸡蛋数目每分钟增加 1 倍,这样,12 分钟后,篮子满了。那么,请问在什么时候是半篮子鸡蛋?

(8)你只要叫它的名字就会把它破坏,这是什么东西?

(9)什么东西人们都不喜欢吃?

(10)要想使梦成为现实,我们干的第一件事是什么?

(11)一架飞机坐满了人,从万米高空落下坠毁,但没有一个人受伤,怎么回事?

(12)警察面对两名歹徒,但只有一颗子弹了,他对歹徒说:谁动就打谁,结果没动的反而挨子弹,怎么回事?

(13)黑头发有什么好处?

(14)3 个人 3 天用 3 桶水,9 个人 9 天用多少桶水?

(15)什么东西比乌鸦更让人讨厌?

(16)全世界哪个地方的死亡率最高?

(17)青蛙可以跳得比树高,怎么回事?

(18)桌子上有 12 支点燃的蜡烛,先被风吹灭了 3 根,之后又一阵风吹灭了 2 根,最后桌子上还剩几根蜡烛?

(19)身份证掉了,怎么办呢?

(20)《狼来了》这个故事给我们什么启示?

答案：

(1)蛋类；(2)报纸；(3)有空座；(4)秘书；(5)口水；(6)走过去太慢了；(7)11分钟；(8)沉默；(9)吃亏；(10)先醒来；(11)所有人都死掉了；(12)因为不动的好打；(13)永远不怕晒黑；(14)9桶；(15)乌鸦嘴；(16)床上；(17)因为树不会跳；(18)5根，其他的都燃烧掉了；(19)捡起来；(20)人只能说2次谎。

(二)抽象能力训练

抽象能力的训练，主要是为了提高创造性思维的深度，具体可以从两个方面入手。

(1)从不同的物体当中抽象出不同的属性。例如，我们从树木、军装、青蛙等事物中可以抽象出"绿色"，从冰箱、电视、音响等食物中能够抽象出"电器"。下面是几组常见事物，可以作为训练的素材。

A. 台球桌、水池、报纸、电脑

B. 嘴巴、大海、洪水、烈火

C. 奶粉、水果、稀饭、饼干

D. 空调、雪花、冰箱、冰淇淋

(2)从同一属性联想到不同的物体。即拥有"红色"属性的事物有苹果、夕阳、印泥等。训练时可以列举一些属性或现象，如红色、使人发笑的、颗粒状的、发光的、尖锐的、圆形的等，再根据这些属性列举相应的事物。

(三)思维活跃程度的训练

思维活跃程度的测试可以按照以下方法进行：

(1)非常用途：要求参与者列举出某种物体一般用途之外的非常用途。比如：平板电脑，答案可能有照镜子、切菜板、防身武器等。

(2)成语接龙：要求参与者根据别人给出的成语或词语继续

往下接,数量越多越好,充分发挥想象力。

(3)故事接龙:这一方法可以多人进行,按照一定的顺序或者随机指定人,大家共同来"创作"故事,每人一句,不必考虑故事的内容和质量如何,最重要的是以短时间的激发来锻炼一个人的思维活跃程度。

综上所述,在人们创造性能力的开发过程中,"新颖"的机遇常常与传统的成见碰撞,只有随时准备突破传统观念、突破权威和教条、突破自己的设计师,才容易抓住机遇并获得成功。当然,要提高设计师的创造能力,还需要了解和掌握创造性思维和创造性技法,了解创造力开发的相关因素,在实践中充分发挥有利因素,抑制或改变障碍,从而尽快发挥出创造性。

第三章　环境艺术设计主体的创造性思维

设计思维就是创造性思维,是一种打破常规、开拓创新的思维形式,是一项产生新的方法,建立新的理论,做出新的成绩的思维活动。没有创造性思维就没有设计,整个设计活动过程就是以创造性思维形成设计构思并最终形成创意或设计出产品的过程。为此,本章重点分析思维和创造性思维的概念及创造性思维在环境艺术设计中的运用。

第一节　思维与创造性思维

一、思维

(一)思维的内涵

思维,从广义上讲就是在表象、概念的基础上进行分析、综合、判断等认识活动的过程。思维是人类特有的一种精神活动,是从社会实践中产生的。它一般由思维的主体、思维的客体、思维工具、思维的协调等四个方面组成。思维的主体是人;思维的客体就是思维的对象;思维工具由概念和形象组成,或称之为思维材料,思维的协调是指在思维过程中,多种思维方式的整合,也就是说在思维的过程中,单一的思维方式往往不能解决问题。

(二)环境思维

环境思维是人脑对环境的概括和间接的反映。它是认识的高级形式,能够揭露环境的本质特征和内部联系。环境思维不同于感知觉,但又离不开感知觉活动所提供的感性材料。只有在获取大量感性材料的基础上,人们才能进行推理和联想,做出种种假设,并检验这些假设,近而揭露感知觉所不能揭示的环境的本质特征和内部联系,从而进展到设计思维。

(三)设计思维

设计过程中总存在着思维活动,而且这种思维活动非常复杂,它是多种思维方式的整合,可称之为设计思维。设计思维是科学思维的逻辑性和艺术思维的形象性的有机整合,艺术思维在设计思维中具有相对独立和相对重要的位置。设计思维的核心是创造性思维,创造性思维对于一个设计师来说是十分重要的,它具有主动性、目的性、预见性、求异性、发散性、独创性和灵活性等特征。创造性思维并非随时都会出现,也不是随心所欲可以控制的,经常要经历一个"痛苦"的过程。

设计是科学与艺术相结合的产物。在思维的层次上,设计思维必然包括了科学思维与艺术思维的特质,或说是这两种思维方式整合的结果。科学思维又称逻辑思维,是一种锁链式的、环环相扣递进式的线性思维方式。它表现为对现象的间接的、概括的认识,用抽象的或逻辑的方式进行概括,并采用抽象材料(概念、理论、数字、公式等)进行思维;艺术思维则以形象思维为主要特征,包括直觉思维在内,它是非连续性的、跳跃性的、跨越性的非线性思维方式(图 3-1)。艺术思维主要用典型化、具象化的方式进行概括,用形象作为思维的基本工具,对于环境艺术设计者而言,形象思维可以说是最经常、最灵便的一种思维方式。要用形象思维的方式去建构、解构,从而寻找和建立表达设计的完整形式。①

图 3-1 艺术性(artistic)图形联想

在设计思维中,逻辑思维是基础,形象思维是表现,两者相辅相成。在实际的思维过程中,两种思维是互相渗透、相融共生的。从思维本身的特性而言,常常是综合而复杂的。"人的每一个思维活动过程都不会是一种思维在起作用,往往是两种,甚至三种先后交替起作用。比如人的创造性思维过程就绝不是单纯的抽象(逻辑)思维,总要有点形象(直觉)思维,甚至要有点灵感(顿悟)思维,所以三种思维的划分是为了科学研究的需要,不是讲人的哪一类具体思维过程。"②设计思维的综合性体现了设计思维的辩证逻辑,即处理好抽象与具象、理性与感性、分析与综合、历史与逻辑、人与物等关系(图 3-2、图 3-3)。

---

① 李砚祖.工艺美术概论[M].长春:吉林美术出版社,1991.
② 钱学森.关于思维科学[M].上海:上海人民出版社,1986.

图 3-2　包豪斯展览招贴,朱斯特·施密特,德国,1923 年

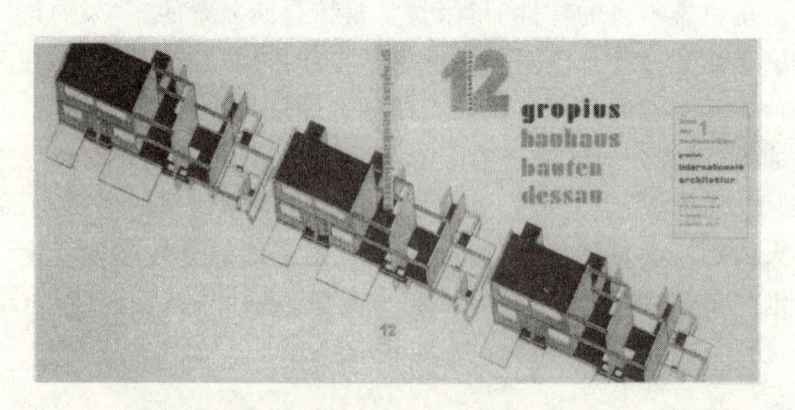

图 3-3　《德绍包豪斯建筑》封面设计,霍利·纳吉,德国,1928 年

二、创造性思维

(一)概念及特点

创造性思维不同于一般的理性思维或逻辑思维方式,它较多地借助于形象思维的形式。但形象思维并不是绝对否定抽象或逻辑思维,而是以"形象"为主要思维工具的同时,通过理性、逻辑为指导而进行的,是从感性形象向观念形象或理性形象升华的过程。就创造性思维的方式和结果而言,只要思维对象、采用的方式、材料是新颖的,我们都称之为创造性思维。创造性思维不同于一般性思维的基本特性,它具有独立性、流畅性、多向性、跨越性、综合性等特点。

(二)创造性思维的分类

创造性思维是设计方法的核心,贯穿于设计的始终,可分为概念(抽象)思维与形象思维、灵感思维、发散思维、再造想象与创造想象、逆向思维、集合创造性思维、辐合思维等多种不同的方式。

1. 抽象思维

抽象思维是运用抽象概念进行设计思维的方法,较偏重于抽象概念,是以表象的一定条件为基础构成的,并可脱离于表象,是一般包括个别。抽象思维的概念,偏重于普遍化,概括的普遍化结果,是形成理论的范畴。设计中的归纳演绎、分析和综合、抽象和具体等形式,都是抽象思维的常用方法。当形象思维能力达到一定阈限,而抽象思维能力突出时,才能产生创造性思维,抽象思维和形象思维能力都不突出时,不可能产生创造性思维。

2. 形象思维

形象思维就是以感觉形象作为媒介的思维方法,即运用形象来进行合乎逻辑的思维。形象性、逻辑性、情感性、想象性是它的特征。想象性是其根本性特征。因此形象思维是一种典型的创造性思维,又称设计思维,是一种对生活的审美认识。审美认识的感性阶段,是对生活深入观察体验而发现美,得到关于现实中美的事物的表象;审美认识的理性阶段,则是审美意识充分发挥主观能动作用,将表象加工成内心视象,最后设计出审美意象。当抽象思维能力达到一定阈限,而形象思维能力突出时,才能产生创造性思维。当形象思维和抽象思维能力都达到一定高度时,是创造性思维最理想的境地,也是最突出的设计思维。

3. 灵感思维

灵感思维是借助于某种因素的直觉启示,而诱发突如其来的创造灵感的设计思维方式,及时捕捉灵感火花,得到新的设计和发明创造的线索、途径,产生新的结果。灵感思维还可细分为寻求诱因灵感法、追捕热线灵感法、暗示右脑灵感法、梦境灵感法等。灵感思维是一种把隐藏的潜意识信息以适当形式突然表现出来的创造性思维的重要形式。

4. 发散思维

发散思维是从一个思维起点,向许多方向扩展的设计思维方式,也称求异思维或辐射思维。如一题多解:小小的一把美工刀,看起来只能用于切割、裁削,但从发散思维的角度看这把美工刀,就可举出其应用于生活、学习、游戏、工作、运输、施工等各个方面的无数用途。发散思维具有流畅、变通、独特三个不同层次的特性。积极开发发散思维,需克服若干心理误区:一是思路固定在单一模式的误区;二是明显陷入错误的歧途而不可自拔。这就是要抛弃错误结论,迅速进入新的思考。要准确把握与判断发散思维,需要广博的学识,并善于吸收多种学科的知识,厚积薄发,广开思路,有意识地促进发散思维突破的契机。

5. 再造想象与创造想象

想象是对记忆中的表象进行加工改造形成新形象的过程。通过想象,把概念与形象、具体与抽象、现在与未来、科学与幻想巧妙地结合起来。再造想象是根据别人对某一事物的描述而产生新形象的过程。在创造活动中,人脑创造新形象的过程称为创造想象。创造想象比再造想象具有更多的创造成分,是创造性思维活动中最主动、最积极的因素。通过创造想象可弥补事实链条上的不足和尚未发现的环节,甚至可以概括世界的一切。设计师的每一种理论假设和设计方案都是想象力得以充分发挥的产物。

6. 逆向思维

逆向思维称"反向思维法",即把思维方向逆转,用和常人或自己原来想法对立的,或与约定俗成的观念截然相反的设计思维方法。比如火,通常观念用的灶具只能是金属与陶瓷的容器,能耐火烧烤,纸是易燃的,设计史上没有人用纸作灶具。"纸"不容于"火"是约定俗成的概念。万万没想到日本一位设计师利用纸的优势,采用新技术通过加工使之达到普通火焰温度不易燃烧的程度,制成器具,用于烧烤。这便是逆向思维设计方法的典范。

7. 集合创造性思维

为了创造发明和开发设计新产品,在两个人以上的集体讨论中,激发每一个人的创造性思维活动的方法。通常是在限定的时间里,集中一定数量的人针对一个问题利用智力互激、结合,从而产生高质量的创意。如美国人奥斯本提出的"大脑风暴法",还有"高顿思考法""653法""MBS法""GNP法""CBS法"等,原则上它们都是让与会者集体发挥智慧的设计创作方法。

8. 辐合思维

辐合思维是遵循单一的求同思维或定向思维模式求取答案的设计思维方法，即以某一思考对象为中心，从不同角度、不同方面将思路集中指向该对象，寻求解决问题的最佳答案的思维形式。例如，把市场调查收集到的多种现成的材料归纳出一种结论或方案。在设想或设计的实现阶段，这种思维形式占主导地位。

在创造性思维开发的具体进程中，方法是多种多样的，目前世界上已总结出来的就有 300 多种。如异同自辨的异同方法，纵串横联、交叉渗透的立体思考法，寻根究底、由果推因的逆向思维法，宏微相连的系统想象法，打破常规、以变思变的标新立异法……其中最著名的有智力激励法和检核表法等。

第二节　创新性思维在环境艺术设计中的运用

建筑与建筑之间的空隙实际上是人们频繁流动的空间，也是建筑设计中最容易被忽视的空间。在这种空间中进行独特的创作，会给整片普通的建筑群体增添无限的新意。

图 3-4　建筑与建筑之间的空隙

第三章　环境艺术设计主体的创造性思维

图 3-5 所示为中国美院象山校区的建筑墙体,该校区采用了一种与众不同的建筑营造观,运用 300 万片旧瓦片,结合"大合院"的形式,建造了犹如地面生长出的建筑群。旧瓦片、灰砖以及一些奇异石材的随机结合,使得建筑墙面生动自然。

图 3-5　中国美院象山校区的建筑墙体

图 3-6 所示为爱马仕丝巾展示空间,整个空间"飘"着很多红色的羽毛,在顶部配以清清的蓝天与白云,使整个空间优雅静谧,富于故事性。

图 3-6　爱马仕丝巾展示空间

图 3-7 中的建筑大致为球形体,由多个巨大的三角面构成,三角面材质不同,薄厚程度也不同,有些面的组合角度还发生了变化,看起来很像儿时玩的折纸游戏。

图 3-7　球形体建筑

图 3-8 中整个建筑体结构此起彼伏,配以音乐频谱的图案,使得建筑犹如音乐一般具有强烈的动势和动感,给安静的街道空间增添了活跃的因素。

图 3-8　有音乐动感的建筑

第四章　环境艺术设计的空间尺度

尺度是空间环境设计要素中最重要的一个方面。它是我们对空间环境及环境要素在大小方面进行评价和控制的度量。尺度在空间造型的创作中具有决定性的意义。本章主要就空间尺度的概念、影响空间尺度的因素和环境艺术设计各领域的空间尺度三个方面的内容展开论述和探析。

第一节　空间尺度的概念

一、空间尺度的意义

在空间设计中如果没有对几何空间的位置和度量(尺度)进行任何限制与制定，也就不可能形成有意义的空间造型，因此从最基础的意义上说，尺度是造型的必备要素。各种人造的空间环境都是为人使用，是为适应人的行为和精神需求而建造的。因此在满足客观条件(材料、结构、技术、经济、社会和文化等问题)的前提下，我们在设计时应选择一个最合理的尺度和比例。这里所谓的合理是指适合人们的生理与心理两方面的需要。令人的心灵感到协调适宜，令功能适用、结构科学合理是空间尺度与比例控制的核心要义。

传统的设计理论把尺度问题看作美学问题，认为尺度是美得以实现的基本条件，存在着绝对客观的、抽象的美的尺度，甚至费尽周折地发掘它的存在,发展了很多相关的理论。传统设计理论认为大自然在最基础的水平上是按美来设计的,自然在它的定律中向人们展示的是一种设计的美。尺度正是恒定这种设计美的要素。现在来看这些理论,虽然某些结果有合理的部分,有其解释的理论根据,但当今人类社会对世界认识的新发展使这些理论显得不够完善准确。

美是什么,美的本质是生理和心理活动的欲望的满足,生理的满足由生理条件和客观自然规律决定。心理的满足是主观经验对于外界的预期与结果的对比,条件反射也好,心理定式也好、经验也好,其实都是一回事,是对外界的条件建立一种对应的生理或心理的关联反应。这种关联反应的建立,在生物和生物进化中的意义是,在多数情况下可以提高生物对应周围环境的效率(反应速度),多数情况是指自然事务的发展总是有一般规律,起始与结果也是有一定规律的。从提高效率的角度出发,生物体没有必要对每一个外界的条件的后果进行逐一的分析,可以通过生物的进化(生理的层面)、个体成长过程(心理的层面)和经验积累(文化的层面)建立多层面的因果关联反应,直接从条件跳到结果,省略中间的分析过程。事件的发展如果符合条件反射、心理预期、经验等。就会产生美的感受。因此,美的体验实际是关联成功的奖赏。美背后的本质还是客观规律。美的尺度背后不是什么抽象神秘的数据,而是实实在在的对人类个体或群体有益的客观规律。因此所谓尺度的"合理"背后也必然存在其他的合乎自然规律并且也满足人类需求的"合理"成分。

二、空间尺度概念的分类

从内涵来说,空间尺度系统中的尺度概念包含了两方面内容:客观自然尺度和主观精神尺度。

第四章 环境艺术设计的空间尺度

(一)客观自然尺度

客观自然尺度可以称为客观尺度、技术尺度、功能尺度,其中主要有人的生理及行为因素、技术与结构因素。这类尺度问题以满足功能和技术需要为基本准则,是尺寸的问题,是绝对的尺度,没有比较的关系。决定这种尺度的因素是不以人的意志为转移的客观规律。

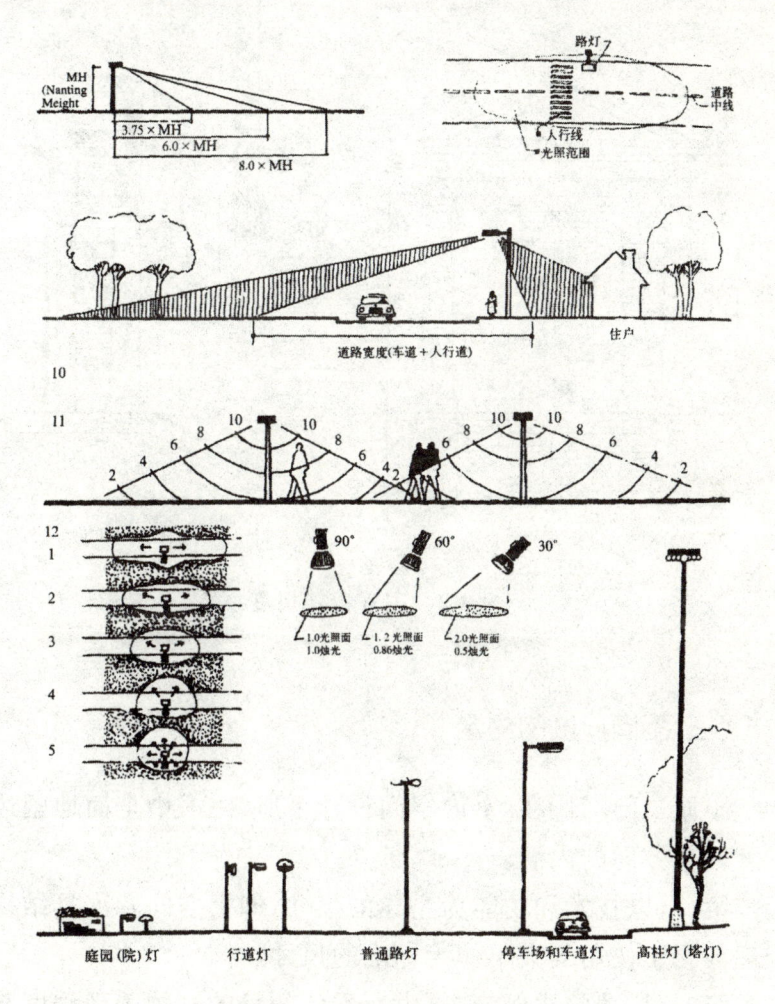

图 4-1 客观自然的尺度

(二)主观精神尺度

主观精神尺度可以称为主观尺度、心理尺度、审美尺度。它是指空间本身的界面与构造的尺度比例,主要满足于空间构图比例,在空间审美上有十分重要的意义。这类尺度主要是满足人类的心理审美,是由人的视觉、心理和审美决定的尺度因素,是相对的尺度问题,有比较与比例关系。

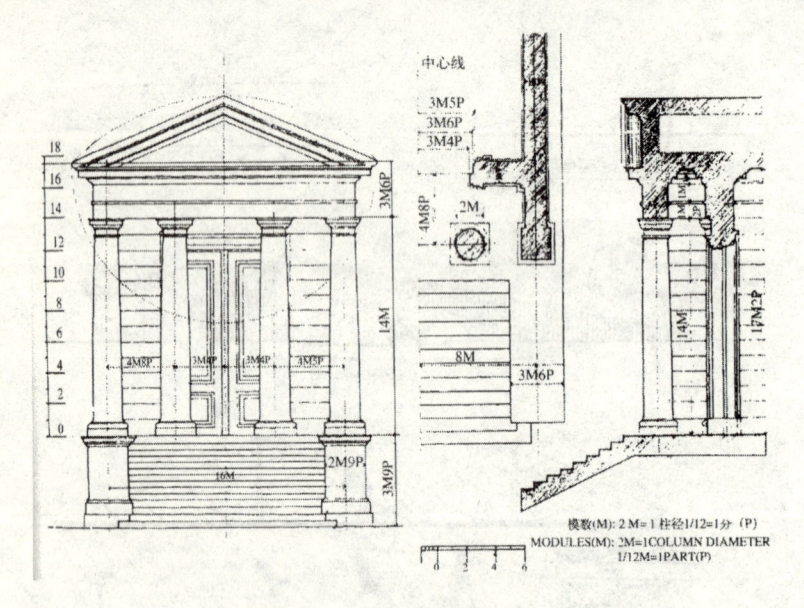

图 4-2 主观精神尺度

(三)不同尺度的内涵

小原二郎[日]在《室内空间设计手册》一书中全面地阐述了尺度四个方面的内涵。

第一,以技术和功能为主导的尺寸,即把空间和家具结构的合理与便于使用的大小作为标准的尺寸。

第二,尺寸的比例,它是由所看到的目的物的美观程度与合理性引导出来的,它作为地区、时代固有的文化遗产,与样式深深地联系在一起。

第三，生产、流通所需的尺寸——模数制，它是建筑生产的工业化和批量化构件的制造，在广泛的经济圈内把流通的各种产品组合成建筑产品时的统一标准。

第四，设计师作为工具使用的尺寸的意义——尺度，每个设计师具有不同的经验和各自不同的尺度感觉及尺寸设计的技法。

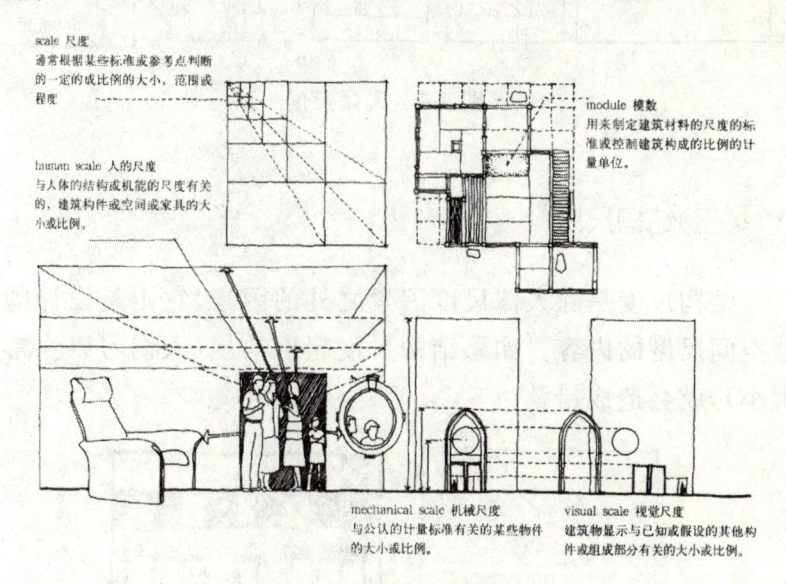

图 4-3　不同尺度的内涵

三、与环境设计有关的空间尺度

（一）人体尺度

人体尺度是指与人体尺寸和比例有关的环境要素和空间尺寸。这里的尺度是以人体与建筑之间的关系比例为基准的。人总是按照自己习惯和熟悉的尺寸大小去衡量建筑的大小。这样我们自身就变成了度量空间的真正尺度。这就要求空间环境在尺度因素方面要综合考虑适应人的生理及心理因素，这是空间尺度问题的核心。

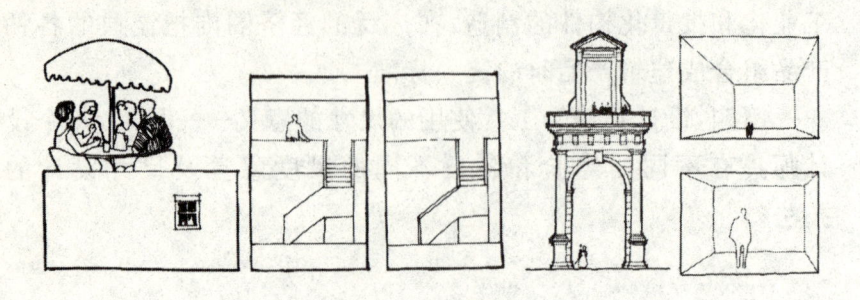

图 4-4　人体尺度

(二)结构尺度

结构尺度是除人体尺度因素之外的因素，它也是设计师创造空间尺度的内容。如果结构尺度超出常规（人们习以为常的大小），就会造成错觉。

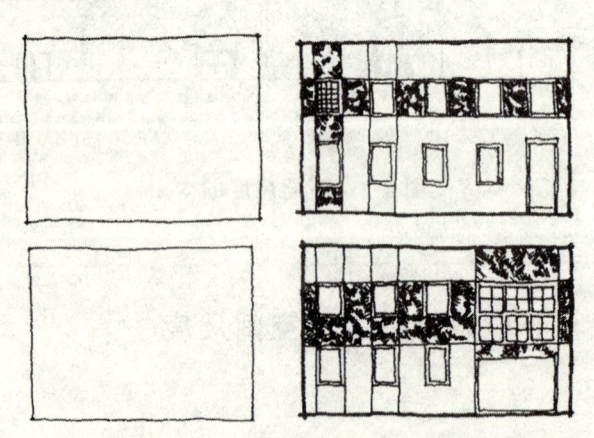

图 4-5　结构尺度

利用人体尺度和结构尺度，可以帮助我们判断周围要素的大小，正确显示出空间整体的尺度感，也可以有意识地利用它来改变一个空间的尺寸感。

第四章 环境艺术设计的空间尺度

四、尺度感觉

客观尺度转换成主观意识的最终结果就是一个人尺度观的建立。人的某种尺度观会造成某个人特有的尺度感。一般来说,尺度感分为自然尺度、超常尺度和亲切尺度三种。自然尺度是让空间环境表现它自身自然的尺寸。自然的尺度问题是比较简单的,但也需要仔细处理细部尺寸的互相关系与真实空间的关系。超常尺度即通常所说的超人尺度,它企图使一个空间环境尽可能显得大,超常尺度并不是一种虚假的尺度,它以某种大尺寸的单元为基础,是一种比人们所习惯的尺寸要大一些的单元。亲切尺度是希望把空间环境设计得比它实际尺度明显小一些。

五、比例

比例主要表现为一部分对另一部分或对整体在量度上的比较、长短、高低、宽窄、适当或协调关系。它一般不涉及具体的尺寸。和谐的比例可以引起人们的美感。公元前6世纪古希腊的毕达哥拉斯学派在探求数量比例与美的关系上提出了著名的"黄金分割"理论。即将整体一分为二,较大部分与较小部分之比等于整体与较大部分之比,其比值为 1:0.618 或 1.618:1,即长段为全段的 0.618。这个数字被公认为最具有审美意义的比例数字。这个比例数字最能引起人的美感。

黄金分割有着一些奇妙的几何与代数的特性,这是它得以存在于空间结构之中,而且存在于生命机体结构中的原因。边长比为黄金分割比的矩形称为黄金矩形。

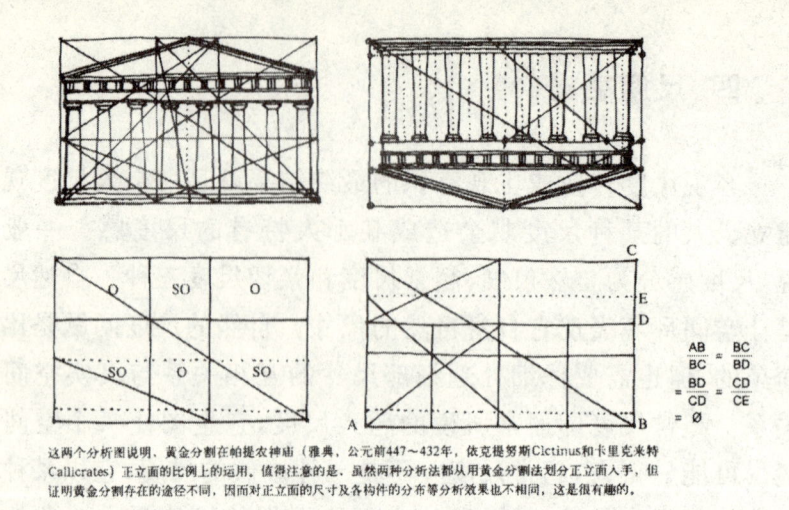

这两个分析图说明，黄金分割在帕提农神庙（雅典，公元前447～432年，依克提努斯Clctinus和卡里克来特Callicrates）正立面的比例上的运用。值得注意的是，虽然两种分析法都用黄金分割法划分正立面入手，但证明黄金分割存在的途径不同，因而对正立面的尺寸及各构件的分布等分析效果也不相同，这是很有趣的。

图 4-6　帕提农神庙的黄金分割

第二节　影响空间尺度的因素

影响空间尺度的因素是十分复杂的。总的来说，可以界定的有以下几个方面：

一、人的因素

人的因素包括生理的、心理的及其所产生的功能。它是所有设计要素中影响尺度的核心要素。人的因素具体说来又可分为人体因素、知觉与感觉因素、行为心理因素三个方面。

（一）人体因素

关于人体尺度，我们前面已经分析过。这里要讲的是人体尺度比例。人体尺度比例是根据人的尺寸和比例而建立的。环境艺术的空间环境不是人体的维护物就是人体的延伸，因此它们的大小与人体尺寸密切相关。人体尺寸影响着我们使用和接触的物体的尺度，影响着我们坐卧、饮食和工作的家具的尺寸。

第四章 环境艺术设计的空间尺度

而这些要素又会间接地影响建筑室内、室外环境的空间尺度,我们的行走、活动和休息所需空间的大小也产生了对周围生活环境的尺度要求。

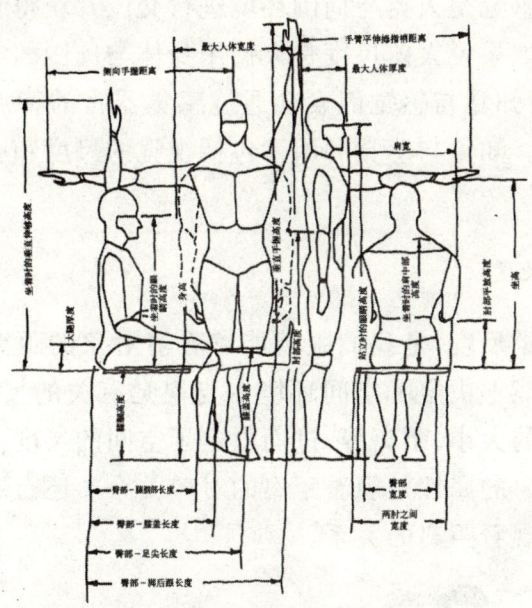

图 4-7　室内设计师常用的人体测量尺寸

人体的尺寸和比例,影响着我们使用的物件的比例,影响着我们要接触的物件的高度和距离,也影响着我们用以坐卧、饮食和工作的家具的尺寸。

除了在建筑里使用的这些要素之外,人体尺寸还影响着我们行走、活动和休息所需的空间的大小。

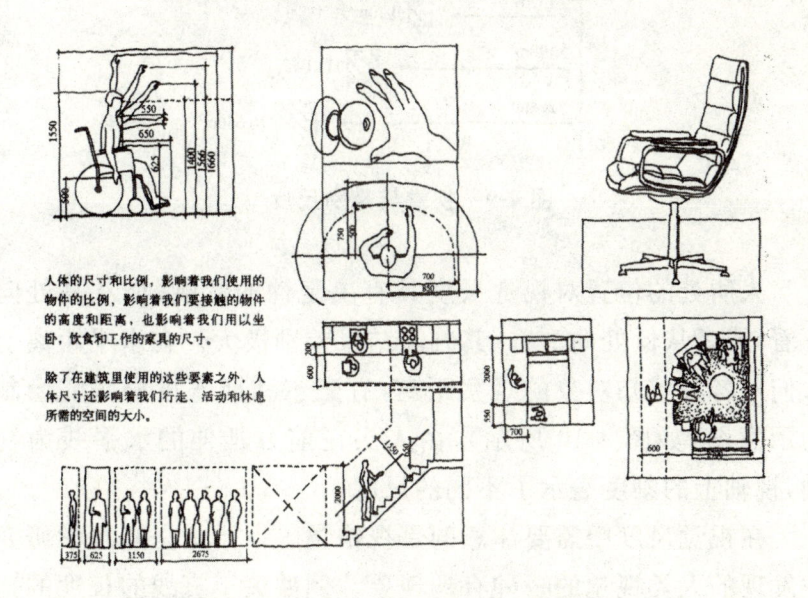

图 4-8　人体尺寸对环境设计的影响

(二)知觉与感觉因素

知觉与感觉是人类与周围环境进行交流并获得有用信息的重要途径。如果说人体尺度是人们用身体与周围的空间环境接触的尺度,而知觉与感觉因素会通过感觉器官的特点对空间环境提出限定。知觉与感觉的因素包括视觉的尺度和听觉的尺度两个方面。

1. 视觉尺度

所谓视觉尺度,是我们眼睛能够看清对象的距离。视觉尺度从视觉功能上决定了空间环境中与视觉有关的尺度关系,比如被观察物的大小、距离等,进而限定了空间的尺度。如观演空间中观看对象的属性与观看距离的对应关系。还有展示与标志物的尺度与观看距离的关系。

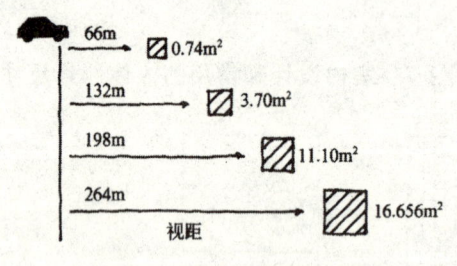

图 4-9 视觉与辨别尺度

人所处的位置对视觉尺度具有决定性的影响,如从高处向下看,或者从低处向上看,其判断结果差别极大。在水平距离上人们对各种感知对象的观察距离,有豪尔和斯普雷根研究绘制的示意图(如图 4-10 所示),由人头正前方延伸的水平线为视轴,视轴上的刻度表示了不同的尺度。

在视觉尺度中需要注意的是视错觉。视错觉是心理学研究中发现的人类视觉的一种有趣现象。例如关于直线的长度的错觉(图 4-11)。错觉并不是看错了,而是指所有人的眼睛都会产生的视觉扭曲现象。

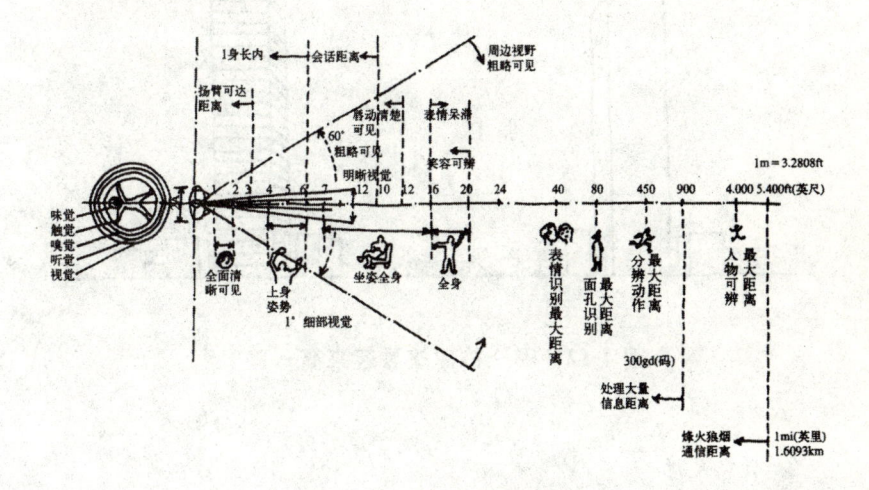

图 4-10 视觉尺度汇集

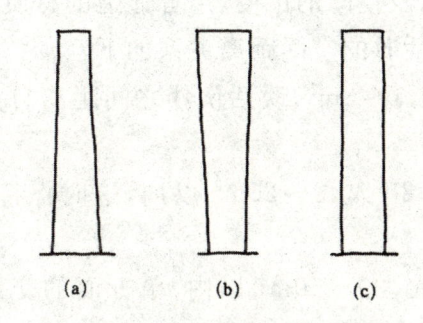

图 4-11 直线的长度错觉
(a)准确的几何图形；(b)过大视觉变形；(c)收分纠正图形

利用视错觉,在建筑上增加水平方向的分割构图,可以获得垂直方向增高的效果。相同道理,没有明确分割的界面很难获得明确的尺度感(图 4-12)。

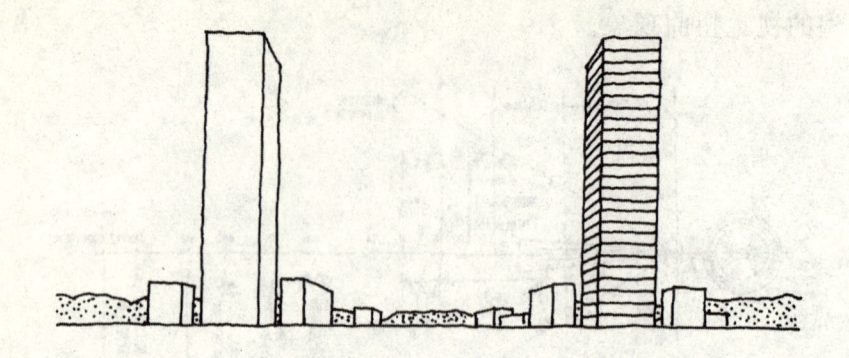

图 4-12　哪一栋建筑看起来高一些

2. 听觉尺度

听觉尺度，即声音传播的距离。它同声源的声音大小、高低、强弱、清晰度以及空间的广度、声音通道的材质等因素有关。根据经验，人在会话时的空间距离关系如下：

1 人面对 1 人，1～3m² ，谈话伙伴之间距离自如，关系密切声音也轻。

1 人面对 15～20 人，3～20m² 以内，这时保持个人会话声调的上限。

1 人面对 50 人，20～50m² 以内，单方面的交流，通过表情可以理解听者的反应。

1 人面对 250～300 人，50～300m² 以内，单方面交流，看清听者面孔的上限。

1 人面对 300 人以上，300m² 以上，完全成为讲演，听众一体化，难以区别个人状态。

(三)行为心理因素

人体尺寸及人体活动空间决定了人们生活的基本空间范围，然而，人们并不以生理的尺度去衡量空间，对空间的满意程度及使用方式还取决于人们的心瞰，这就是心理空间。心理因素指人的心理活动,它会对周围的空间环境在尺度上提出限定或进行评判,并由此产生由心理因素决定的心理空间。

人的行为心理因素包括空间的生气感、个人空间、人际距离、迁移现象、交通方式与移动因素六个方面。

1. 空间的生气感

空间的生气感与活动的人数有关,一定范围内的活动人数可以反映空间的活跃程度。它与脸部与间距之间的比有关。图 4-13 就反映了这种关系。

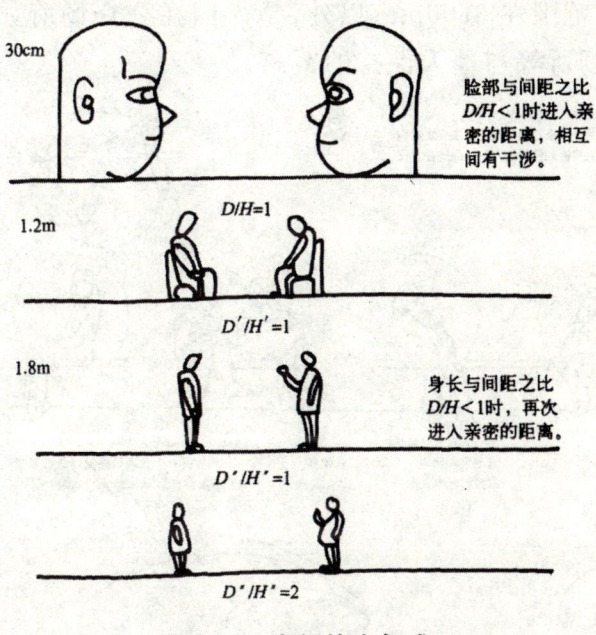

图 4-13 空间的生气感

2. 个人空间

个人空间被描述为围绕个人而存在的有限空间,有限是指适当的距离。这是直接在每个人的周围的空间,通常具有看不见的边界,在边界以内不允许"闯入者"进来。

3. 人际距离

人际距离是心理学中的概念,是个人空间被解释为人际关系中的距离部分。根据豪尔的研究,人际距离主要分为密切距离、个体距离、社交距离、公众距离。密切距离的范围在 150mm~600mm 之间,只有感情相近的人才能彼此进入;个体距离范围在 600mm~1200mm 之间,是个体与他人在一般日常活动中保持的距离;社交距离范围在 1200mm~3600mm 之间,是在较为正式的场合及活动中人与人之间保持的距离;公众距离范围在 3600mm 以外,是人们在公众场所如街道、会场、商业场所等与他人保持的距离。

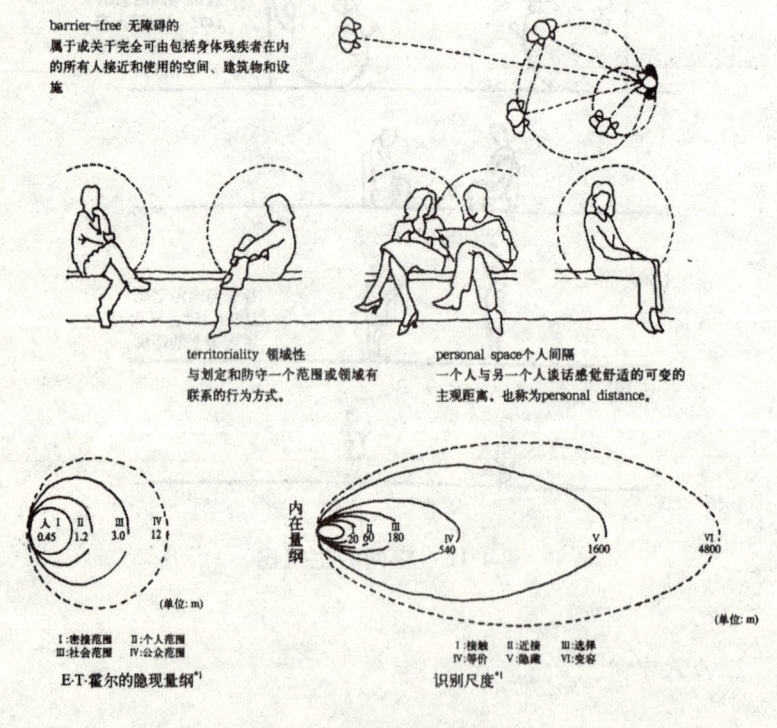

图 4-14　人际距离

4. 迁移现象

迁移现象也是心理学中的一种人类心理活动现象,人类在

第四章 环境艺术设计的空间尺度

对外界环境的感觉与认知过程中,在时间顺序上先期接受的外界刺激和建立的感觉模式会影响到人对后来刺激的判断和感觉模式。迁移现象的影响有正向与逆向的不同,正向的会扩大后期刺激的效果,逆向的会减弱后期刺激的效果。因此,当人们接受外界环境信息的刺激内容相同而排列顺序不同时,对信息的判断结果会有显著的差异,如图4-15所示。

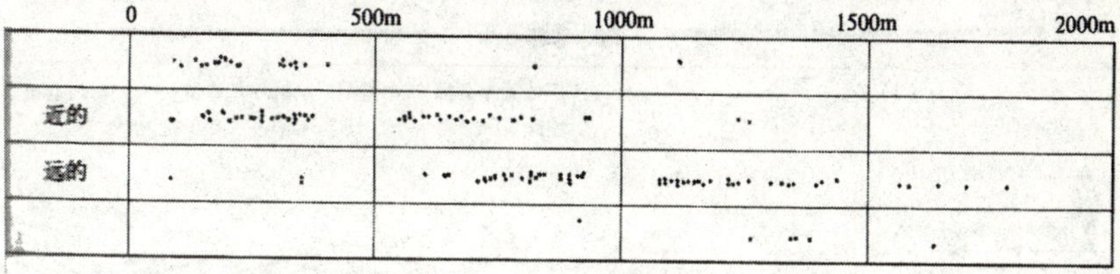

图 4-15 迁移现象

5. 交通方式与移动因素

人在空间中的移动速度影响到人对沿途的空间要素尺度的判断。一般而言,速度慢时感觉尺度大,速度快时感觉尺度小。由于这种心理现象的存在,在涉及视觉景观设计的时候,人们观察时移动速度的不同会对空间的尺度有不同的要求,以步行为主的街道景观和以交通工具为移动看点的空间景观,在尺度大小上应该是不同的,如图4-16和图4-17所示。

运动种类	速度(m/s) \ 视距(m)	20	40	100	1200	1600
 🚶	1.1	20.77	41.54	103.93	1247.06	1662.77
 🚌	5.6	4.15	8.30	20.79	249.42	332.55
 🚗	11.1	2.08	4.15	10.39	124.70	166.28
 🚅	16.7	1.38	2.77	6.93	83.14	110.85

图 4-16 运动中的视效时差(假定水平视角为60°)

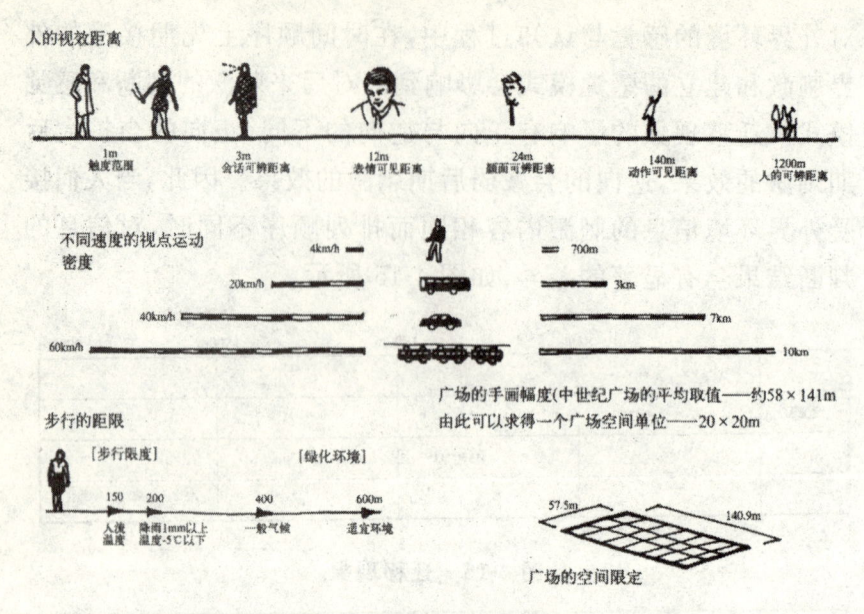

图 4-17　运动中的视效

二、技术的因素

影响环境艺术设计的空间尺度的技术因素主要有材料尺度和空间结构形态尺度、制造的尺度三个方面。

(一)材料尺度

之所以要研究材料的尺度,是因为所有的建筑材料都有韧性、硬度、耐久性等不同的属性,超过极限可能会引起由形变导致的材料结构的破坏。这种合理的尺度由它固有的强度和特点决定。图 4-18 是不同材料形成的比例。

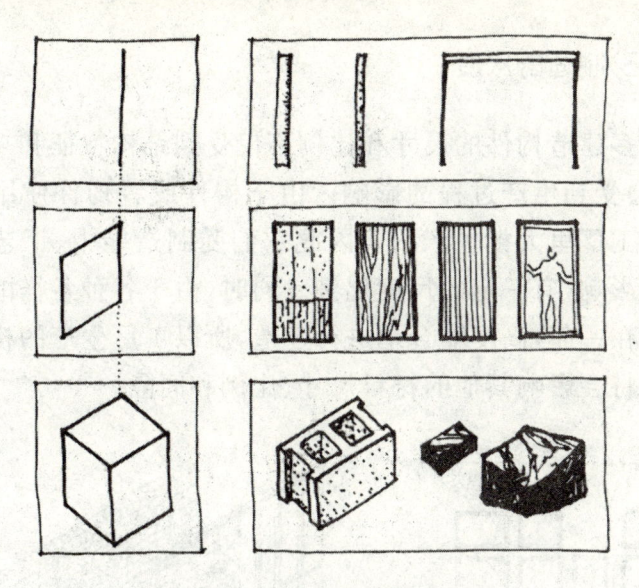

图 4-18　不同材料形成的比例

(二)空间结构形态尺度

在所有的空间结构中,以一定的材料构成的结构要素跨过一定的空间,以某种结构方式将它们的受力荷载传递到预定的支撑点形成稳定的空间形态。这些要素的尺寸比例直接与它们承担的结构功能有关。因此,人们可以直接通过它们感觉到建筑空间的尺寸和尺度。此外,不同材料、工艺和结构特点的结构形式,也会呈现不同的比例尺度特征。

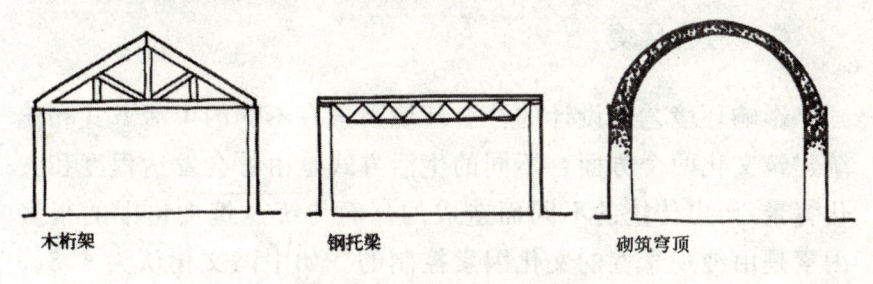

木桁架　　　　　钢托梁　　　　　砌筑穹顶

图 4-19　空间结构形态

(三)制造的尺度

许多建造构件的尺寸和比例不仅受到结构特征和功能的影响,还会受到生产过程的影响。由于构件或者构件使用的材料都是在工厂里大批生产的。因此它们受制造能力、工艺和标准的要求影响,有一定的尺度比例。同时,由于各种各样的材料最终汇集在一起,高度吻合地进行建造,所以工厂生产的构件尺寸和比例将会影响其他的材料尺寸、比例和间隔。

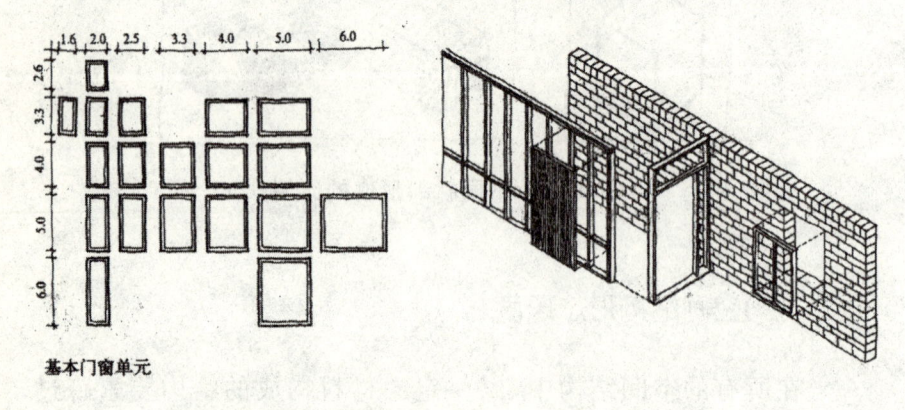

图 4-20　制造尺度

三、环境的因素

(一)社会环境

影响环境艺术设计的社会环境因素有不同的生活方式和传统建筑文化两个方面。不同的生活方式是由社会发达程度和文化背景、历史传统的不同而造成的。而传统建筑文化中的很多因素是由纯观念性的文化因素控制的。如中国文化认为 6、8、9 等具有吉祥含义,常使得很多尺度的界定都由这些数字或它们的倍数决定。

第四章 环境艺术设计的空间尺度

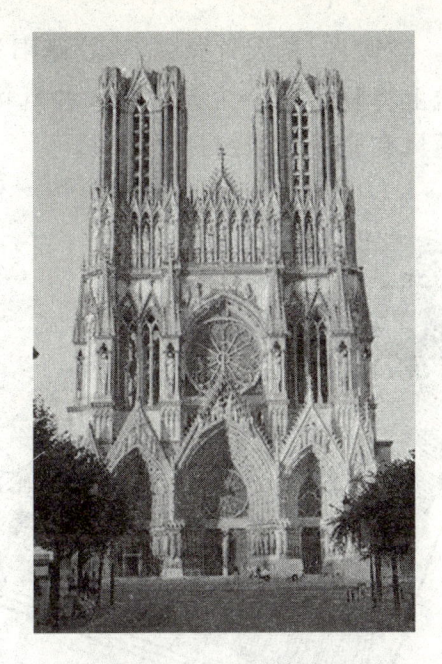

图 4-21 兰斯大教堂

图 4-22 法隆寺

(二)地理环境

各地不同的自然地理条件也对空间尺度产生影响。如北方气候寒冷,冬季时间长。所以建筑在整体上更加封闭,而中间的庭院则为了获得更多的日照而比较宽敞,整个空间的比例为横向的低平空间。在南方,夏天日照强烈,故遮阳为首要考虑的因素,从而在建筑上将院落缩小为天井。天井既可以满足采光要求,又有利于通风和遮蔽强烈的日光辐射。

图 4-23　北京四合院

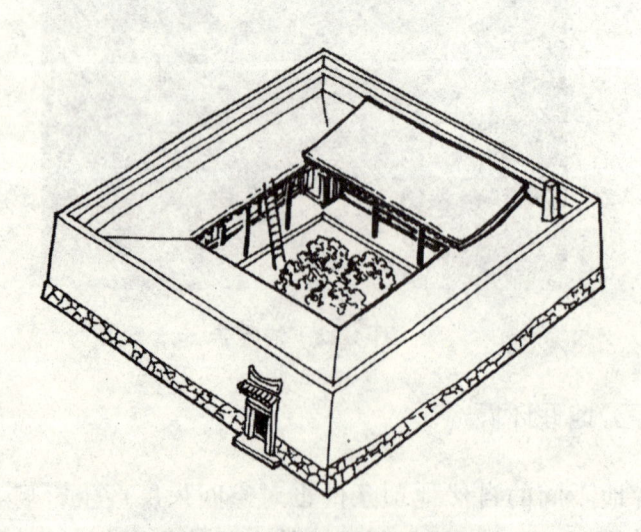

图 4-24　青海"庄巢"民居

第四章 环境艺术设计的空间尺度

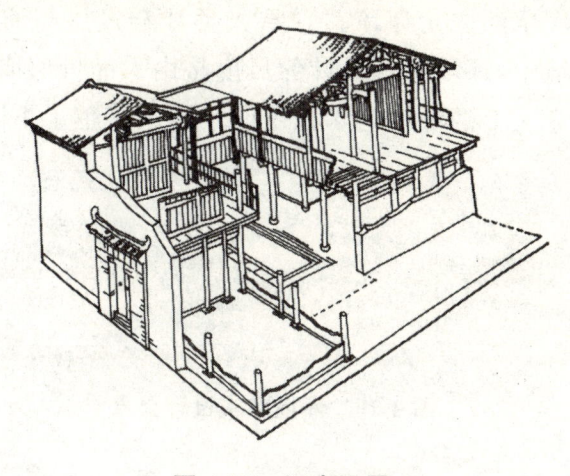

图 4-25 江南民居

第三节 环境艺术设计各领域的空间尺度

一、不同范围的尺度

(一)不同范围的尺度

三维空间的尺度范围是十分广泛的,我们无法一一对其进行分析。因此,我们这里所说的主要是环境艺术设计所能设计的空间范围,它包括自然环境尺度和人工环境尺度两个方面。

自然环境指人类生活的地球表面大气圈以内的部分。它是自然界按照自身的运动规律发展演化而成的,在空间的尺度比例上是地球地质运动的结果,不以人的意志为转移,但会对人类创造的人工环境的尺度比例产生影响,如狭小地域会产生小巧精致的人工环境,而广阔的山河产生恢宏壮阔的建筑风格。

人工环境指人类在自然环境的基础上通过自身的选择和改

造创造的次生的二次环境。它是人类社会发展与演进的结果。在人工环境中,环境艺术设计的尺度是由人的价值取向决定的。

现代意义上的环境艺术在空间尺度上跨越了不同专业的尺度范围。

图 4-26　环境艺术设计要素

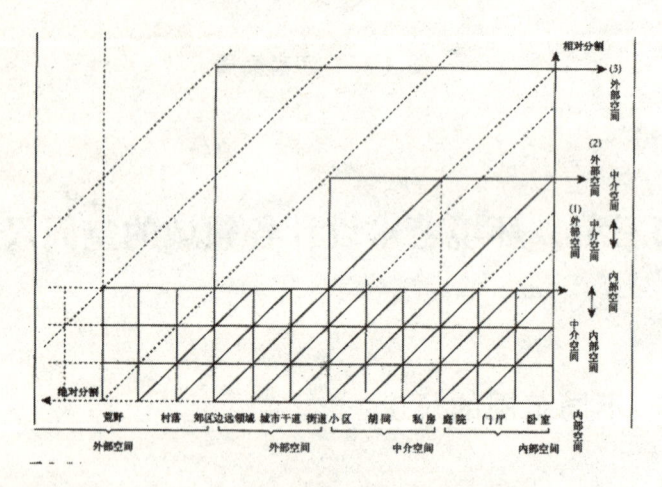

图 4-27　环境艺术设计空间划分

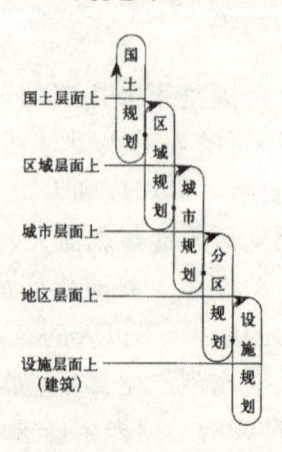

图 4-28　各层面规划的关系

第四章 环境艺术设计的空间尺度

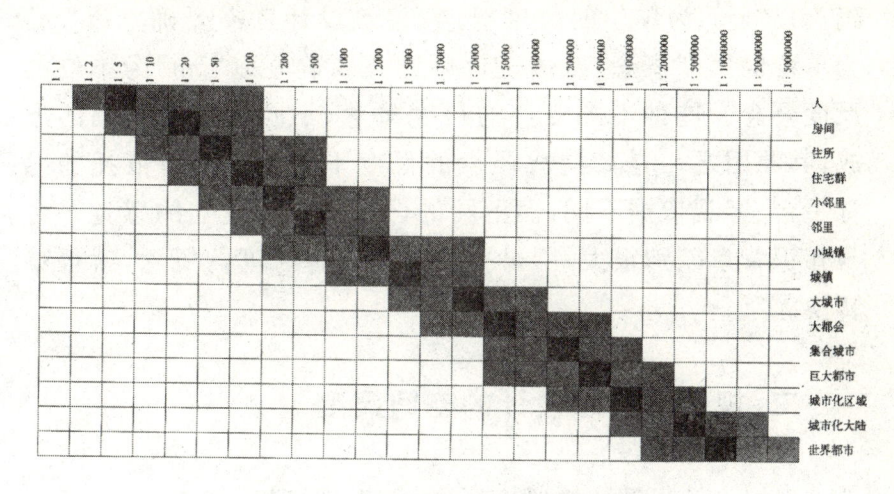

图 4-29 人类居住生活的空间单位

（二）不同范围的尺度观

不同的尺度范围，由于涉及与考虑的问题不同，背后的影响因素也不同，所以无论其对于尺度的评价体系与观念，还是尺度所包含的内容都是不同的。

室内空间因其直接为人使用与接触的性质，其组成要素主要是人与人直接使用的物品。人体的尺寸及与人密切相关的设施设备的尺寸，决定了室内空间的近人的尺度、触觉的尺度以人体局部结构为尺度单位。其尺度单位必然是细节的、细小的。

城市规划与景观的构成要素并不直接针对具体的个体的人，而是以建筑、植被、大型工具（如交通工具）及设施为基本的构成要素，由它们构成更大的区域性的人群活动社区，单体建筑、植物、交通工具等的尺度决定了城市空间的尺度范围。

以人的固定视觉感受而言，不同尺度的形态会形成不同的景观意识，这种意识体现在设计上就形成了以不同尺度单位为基础的景观尺度概念。作为一个特定专业的设计者，必须具备该类专业所需的单位尺度概念，城市规划设计者需要确立以"km"为单位的尺度概念；建筑设计者需要确立以"m"为单位的尺度概念，室内设计师则是要确立以"cm"为单位的尺度概念。这种不同专业的尺度概念，不同的尺度范围的形成，其原因之一是其构成要素的尺度不同。由于所依托的感觉平台、客观依据不同，而不同的设计师长期建立的感觉平台与知识背景差别很大，所以一旦确立某种尺度的概念，就很难转换。

二、规划与景观设计的空间尺度

规划与景观设计的尺度形成，是地理环境、城市功能、经济结构、文化背景、技术发展和历史演变等因素的综合结果。它更多地侧重视觉与空间造型，因此，在空间尺度上更多的是对视觉、心理方面的考虑。与视觉尺度、心理尺度有关的尺度问题也成为规划与景观设计的空间尺度核心。

（一）视觉空间尺度

视距与建筑高度的比例影响空间感的产生。随着比值的变化，空间会呈现私密性或开放性的不同空间形态。

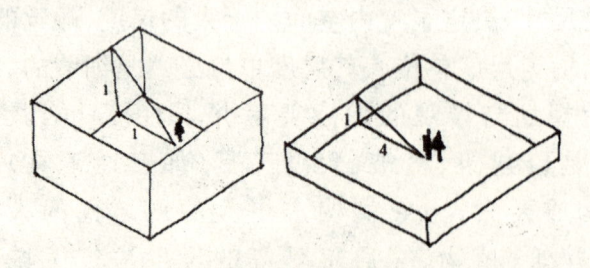

图 4-30 视距与建筑高度的关系

第四章　环境艺术设计的空间尺度

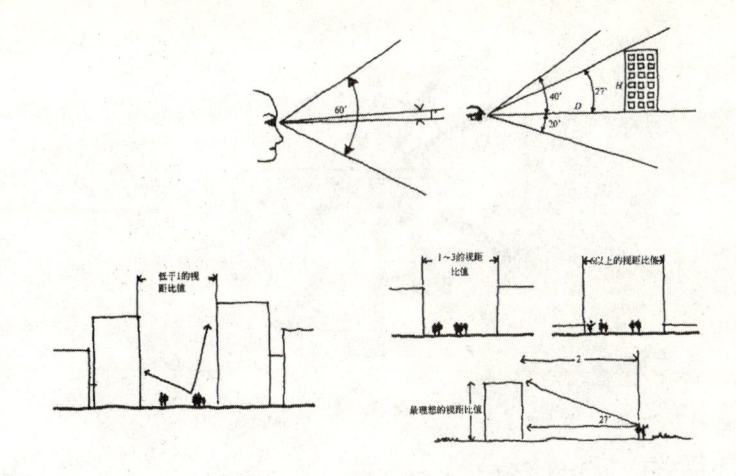

图 4-31　视距与建筑物对空间情感的影响

(二)心理空间尺度

心理空间尺度以整体环境和空间为背景。它们往往反映或象征一个地区的历史、经济、文化、政治、疆界和行政等级。

在心理空间尺度中,需要注意的是行走的尺度比例。人作为步行者活动时,一般心情愉快的步行距离为 300m。超过时,根据天气情况而希望乘坐交通工具的距离为 500m。骑自行车时为 2000～3000m 感到轻松自如,超过 5000m 人就感觉费劲了。总之,能看清人存在的最大距离为 1200m,不管什么样的空间,只要超过 1600m 时,作为城市景观来说就可以说是过大了。

(三)外部空间尺度

城市外部空间环境(建筑以外的和周围的)与景观是视觉尺度考虑的重点。它包含的内容如图 4-32 所示。

外部空间尺度与周围空间构成要素、空间要素的间距有关。它与周围空间构成要素的关系如下所示:当 D、H 之间的比大于 1 时,空间感弱,有远离感;小于 1 时空间感强,有紧迫感。

图 4-32

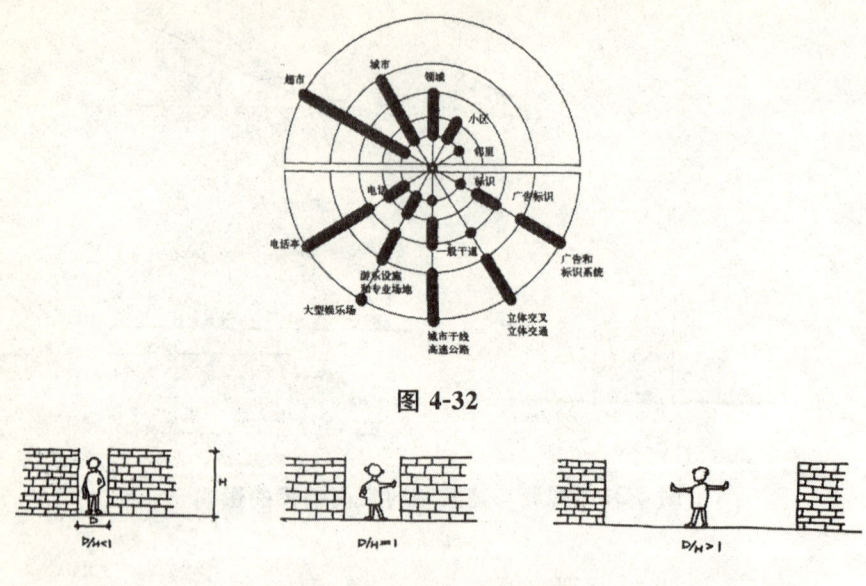

图 4-33 城市外部空间

在特定的空间和场所中,参演物和基本构件之间的距离,在同一要素中,间距过小将呈现一体化的特征,而距离过大相互间的连接趋势又减弱。其最佳距离的选择要根据物体本身特点、场所的环境性质及人的使用和心理要求。一般来说同类要素的空间相对距离不宜超过 $D/H=2$(平面距离不小于两者高度之和)。

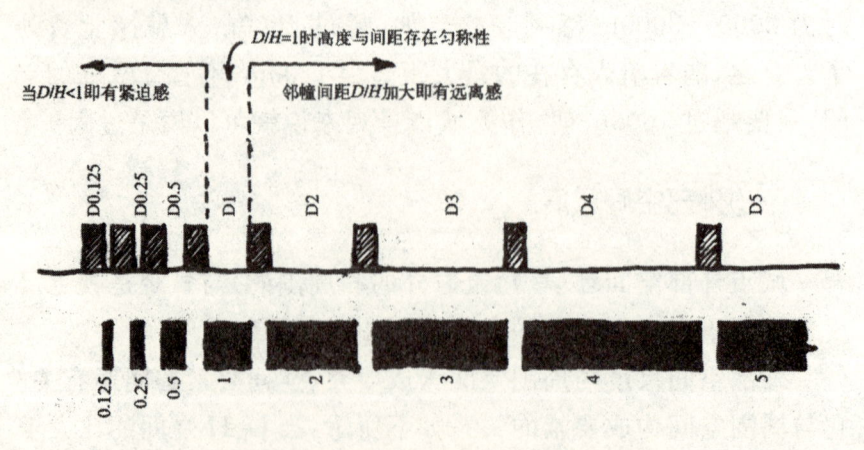

图 4-34 参演物与基本构件距离关系

第四章　环境艺术设计的空间尺度

在规划与景观设计中,值得一提的还有功能性的尺度。它是由于很多具体的技术功能性问题而对尺度提出的不同参照体系。

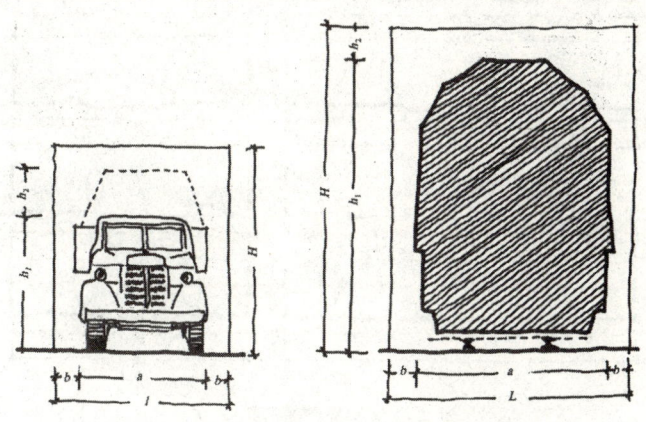

图 4-35　交通工具尺度对道路设施的影响

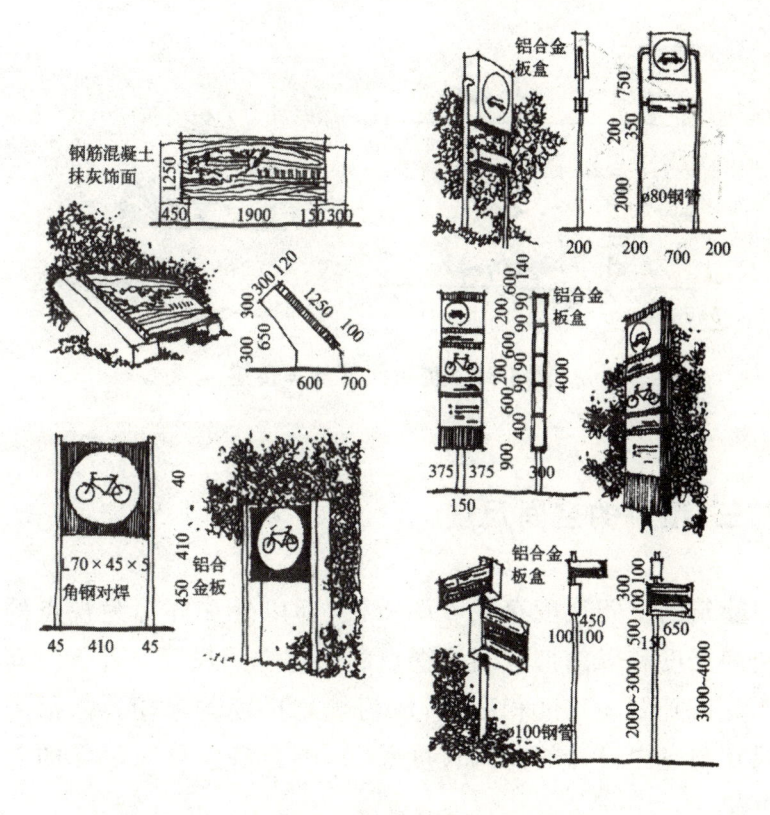

图 4-36　道路设施的尺度

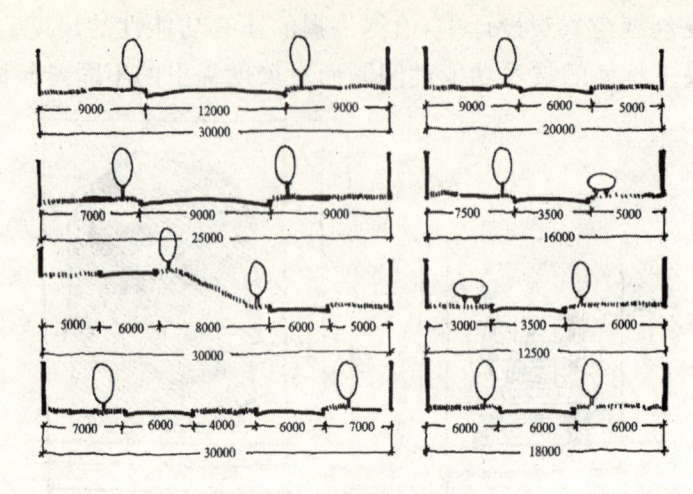

图 4-37 道路断面尺度

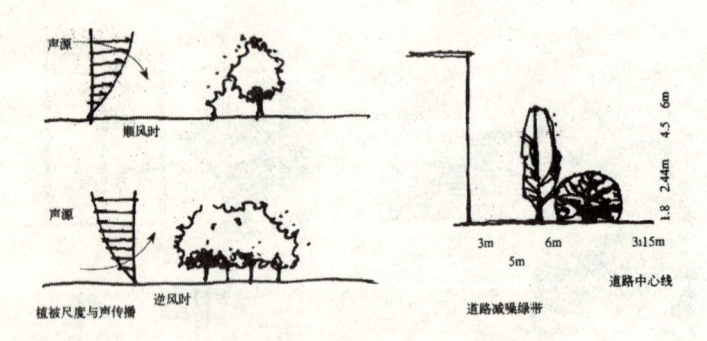

图 4-38 植被尺度与声传播

三、建筑的空间尺度

建筑的空间尺度存在着两重性,即以外在环境为视点的外部空间尺度和以内部空间为视点的内部空间尺度。外部空间尺度与城市规划的尺度相联系,成为规划尺度的末梢。内部的空间尺度与室内设计的空间尺度关联,成为室内空间尺度的外延与框架。

建筑的空间尺度包括功能尺度、技术尺度、视觉尺度、人体

第四章 环境艺术设计的空间尺度

尺度四个方面。关于人体尺度,我们在前文中已分析过,不再赘述。

(一)功能尺度

建筑的功能决定了主要的建筑尺度,从宏观上决定了建筑的空间规模尺度,从细节上决定了建筑的功能构造尺度。有关空间规模问题,与室内关系最密切的乃是为适应各种生活行为所需的空间功能的尺寸。对于规定了特定行为的空间,通过整理归纳其规模、水准来作为人口密度及人均面积的参考。

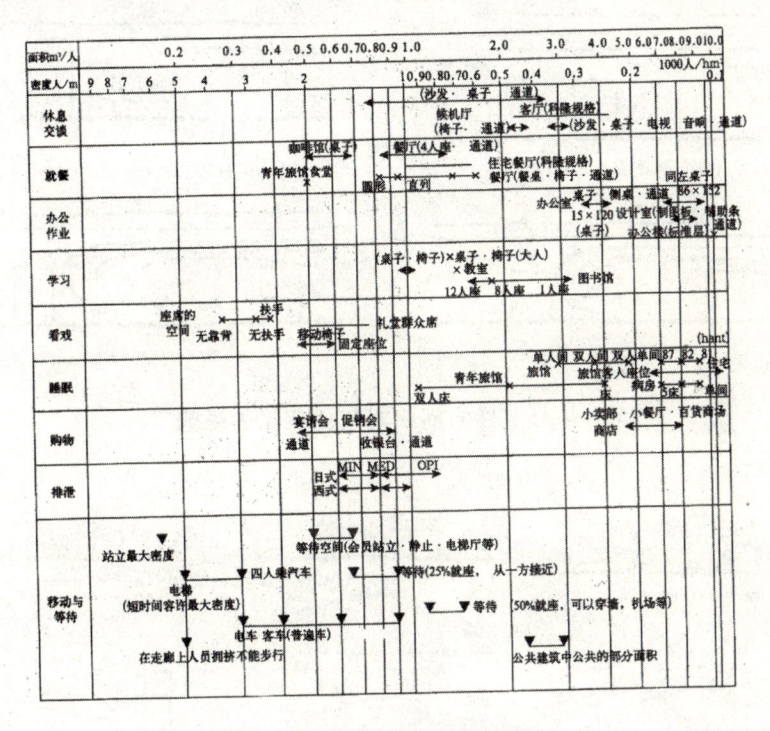

图4-39 因素空间的规模水准

(二)技术尺度

技术的尺度受环境条件、结构技术等客观因素的限制具有一定的客观性。总的来说，建筑的尺度控制是在满足功能的前提下，由各种技术条件综合作用的结果。

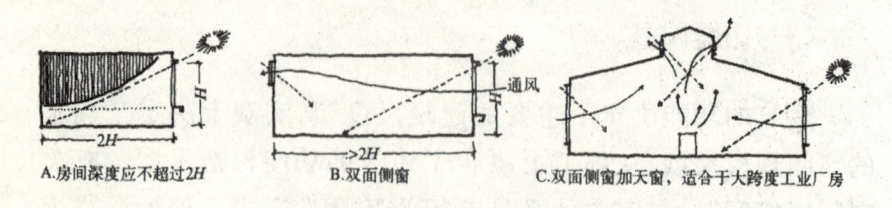

A.房间深度应不超过2H　　B.双面侧窗　　C.双面侧窗加天窗，适合于大跨度工业厂房

图 4-40　几种开窗形式

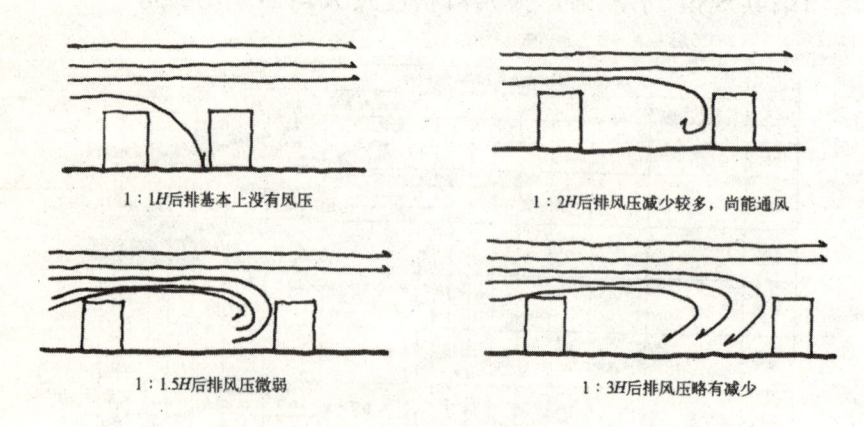

1：1H后排基本上没有风压　　1：2H后排风压减少较多，尚能通风

1：1.5H后排风压微弱　　1：3H后排风压略有减少

图 4-41　住宅间距对气压变化的影响

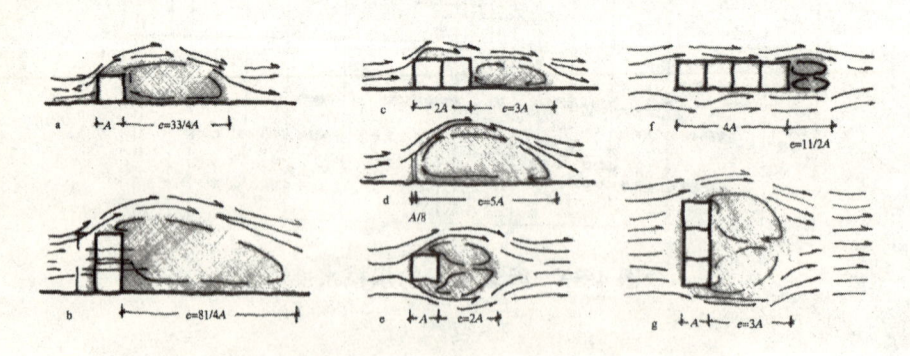

图 4-42　建筑物长(l)宽(A)高(h)对涡流区的影响

第四章　环境艺术设计的空间尺度

(三)视觉尺度

在建筑设计中,视觉尺度这一特性是指建筑呈现出恰当或人们预期的尺寸。它是建筑审美的重要因子。建筑视觉尺度评判的重要参照系是人体尺度,人将自身的尺度及与自身尺度密切关联的建筑要素作为参照系。

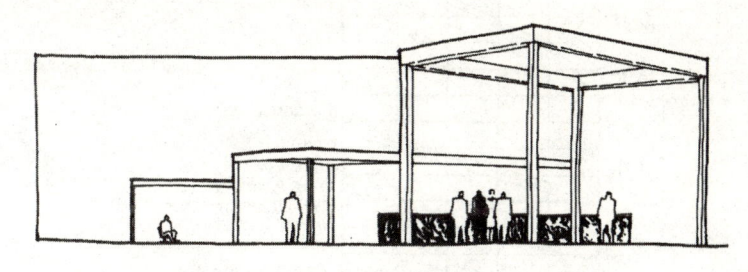

图 4-43　人体尺度对建筑尺度的影响

在建筑的空间尺度中还要注意的是对城市建筑尺度的控制。城市建筑尺度控制是从城市的整体区域角度出发,对大体和群体建筑密度、平面尺度、高度、立面尺度实行的尺度控制。这种尺度控制除了针对建筑本身,更主要的是协调建筑与其他城市构成要素之间的关系,使整个城市按照预定的城市功能合理地组成有机的整体。

四、室内的空间尺度

(一)室内空间尺度的构成要素

在室内空间形象与尺度系统中,尺度的概念包含了两方面的内容。一方面指空间结构设施的尺度;另一方面指室内空间中人的行为心理尺度,这种因素主要体现在与人的行为心理有直接关系的功能空间设计上(图 4-44)。

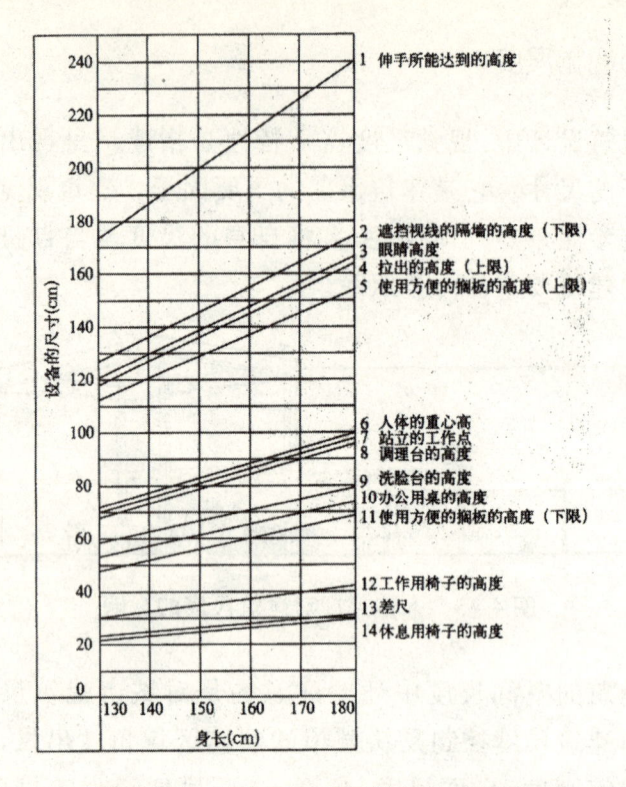

图 4-44　人体尺度对设备尺寸的影响

　　在室内空间结构设施的尺度中包括了家具的尺度、装饰构件的尺度、常用器物与设备的尺度,在人的行为心里尺度中包括了人体尺度、使用功能行为的尺度、心理的尺度等。

　　人、物是构成室内空间的基本因素。人决定了物体的尺寸,物与人的空间加人体活动空间决定了室内空间的基本尺度。对室内空间的构成加以分析,可将室内空间划分为各种基本功能单位空间,然后从人体尺寸出发核实是否有矛盾。室内的设备器具可以分为人体系统、准人体系统和贮藏系统,可以把相应的尺寸模数分为人体尺寸和物体尺寸。人体系统是以人体尺寸为主,物体尺寸为辅;贮藏系统是以物体尺寸为主,人体尺寸为辅;准人体系统则介于两者之间。

第四章 环境艺术设计的空间尺度

1. 人体尺寸

人体尺寸是室内空间尺度中最基本的资料之一,然而符合必要要求的数据却不容易收集。人体尺寸具有动态和静态两部分内容:静态是指静止的人体及其相应的尺寸,即人体的大小和姿势与建筑构件或家具之间的对应关系,称为静态配合(static fit);动态是指人们以生活行为为中心移动时所必需的空间以及人和物组合的空间为对象所需要的尺寸,称动态配合(dynamic fit)。在环境空间领域中动态的尺寸更重要(图 4-45)。

structure dimension 结构尺度
人体及其各部分的任何尺度。

functional dimension 机能尺度
由人体位置和运动决定的任何尺度,如可到达的距离、一大步的距离,或间距。

static fit 静态配合
人体的大小和姿势与建筑构件或家具之间的对应关系。

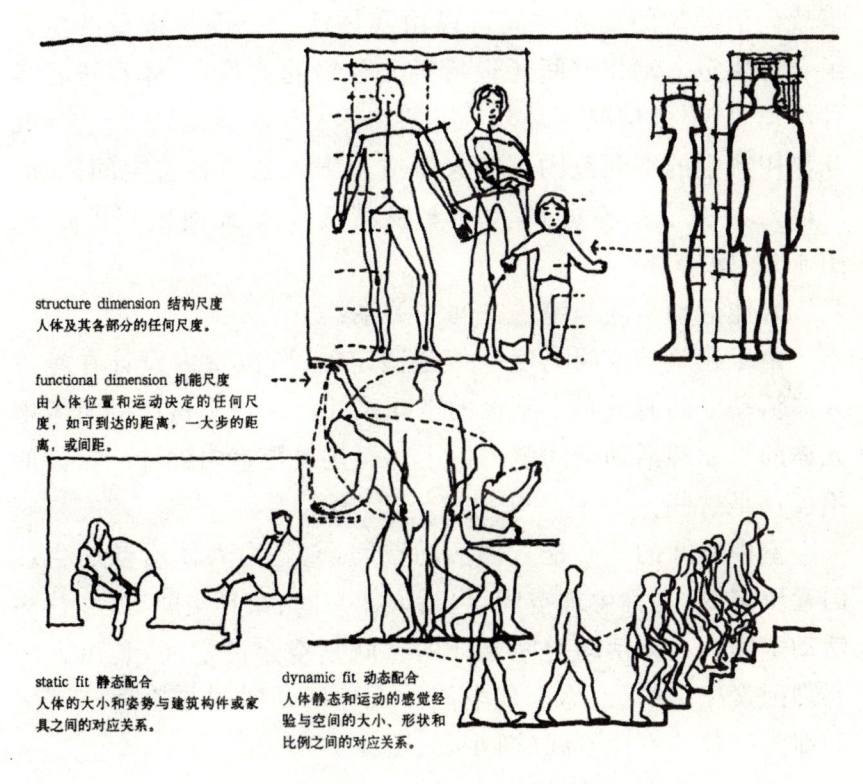

dynamic fit 动态配合
人体静态和运动的感觉经验与空间的大小、形状和比例之间的对应关系。

图 4-45 人体动态尺寸

使用人体尺寸需要注意以下两点:其一,即使有明确的人体尺寸,也不能直接作为尺寸来用,设计时所考虑的尺寸是以人体尺寸为基础,再加上或减掉某个"空隙"而成的。这个空隙尺寸极其重要,根据设计对象的不同而不同。另一个问题是,人体尺寸因民族、职业、年龄、性别以及地区的不同而存在差异,认为某个数值是全体通用的想法是很危险的。

2. 动作空间与机能尺度

动作空间与机能尺度是指由人体运动和位置决定的尺度,如肢体可达到的距离。人在一定的场所中活动身体的各个部位时,就会创造出平面或立体的动作空间领域,这就是动作空间。不合理的动作导致工作效率的低下,容易使人疲劳,引发事故。活动时的动作空间可以由身体活动范围与机械的空间组合后决定。动作空间还包括了人与物的关系,人体在进行各种活动时,很多情况下是与一定的物体发生联系的,人与物体相互作用产生的空间范围可能大于或小于人与物各自空间之和。所以人与物占用空间的大小要视其活动方式而定(图 4-46、图 4-47、图 4-48)。

人体活动空间与室内空间的关系:

由于建筑的空间高度一般是固定的,所以室内设计在考虑人体活动空间时只考虑平面的空间尺寸。设计机械产品只考虑人体的尺寸和活动空间就可以了。而建筑与室内设计所考虑的不仅仅是这些。

室内空间的核心是人体活动空间,它是由人体活动的生理因素决定的,也称生理空间,包括人体空间、家具空间、人和物的活动空间。人体活动空间之外的空间是空余的空间,是由人的心理因素决定的,也称心理空间。人体活动空间与心理空间之和即为完整的室内空间(图 4-49、图 4-50)。

第四章 环境艺术设计的空间尺度

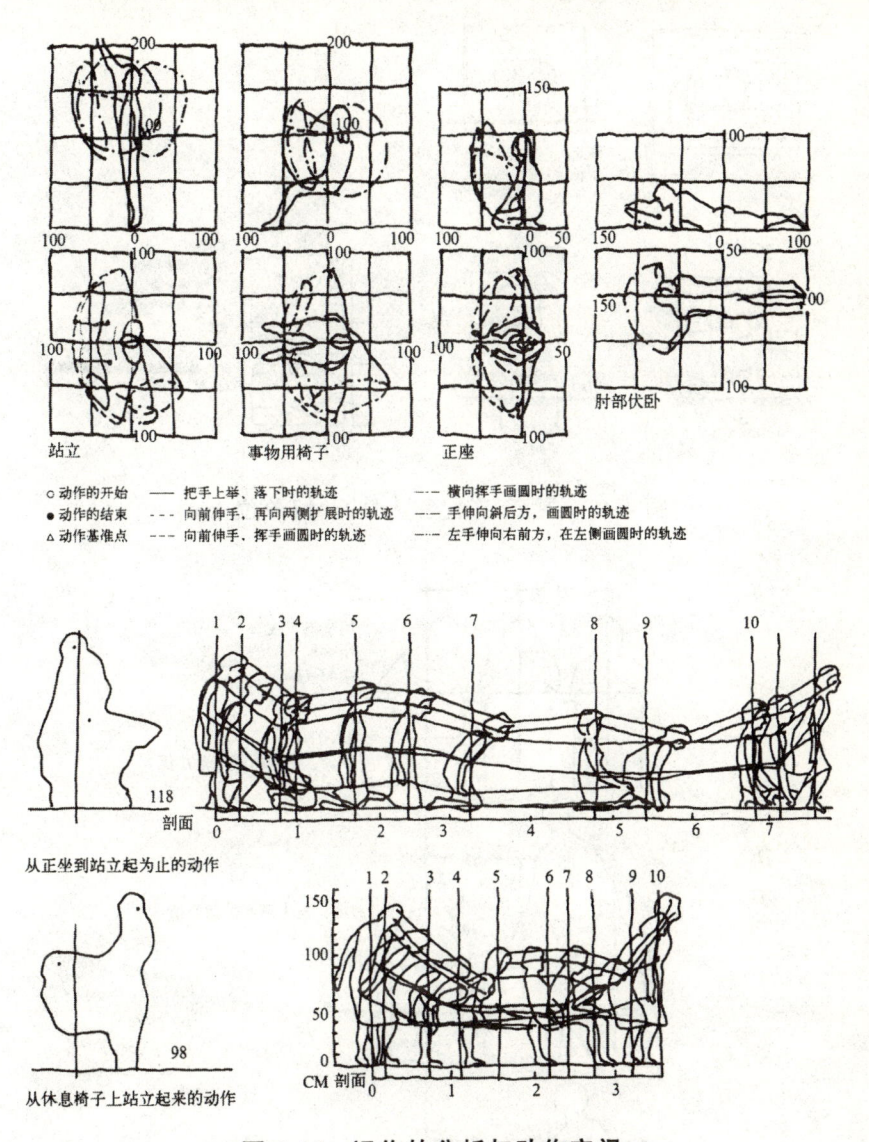

站立　　　　　　　　　事物用椅子　　　　　　正座　　　　　肘部伏卧

○ 动作的开始　　　—— 把手上举、落下时的轨迹　　　---- 横向挥手画圆时的轨迹
● 动作的结束　　　--- 向前伸手，再向两侧扩展时的轨迹　---- 手伸向斜后方，画圆时的轨迹
△ 动作基准点　　　--- 向前伸手、挥手画圆时的轨迹　　　---- 左手伸向右前方，在左侧画圆时的轨迹

从正坐到站立为止的动作

从休息椅子上站立起来的动作

图 4-46　运作的分析与动作空间

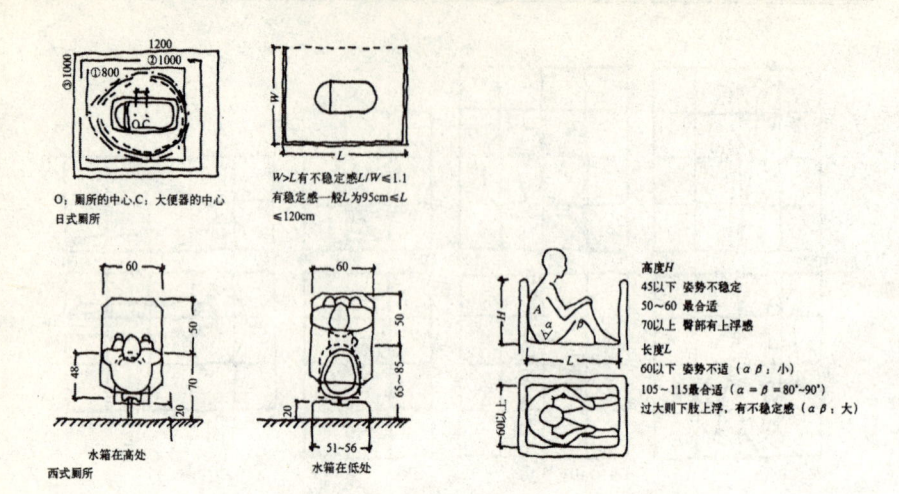

图 4-47　厕所、浴缸和人体尺寸(单位:cm)

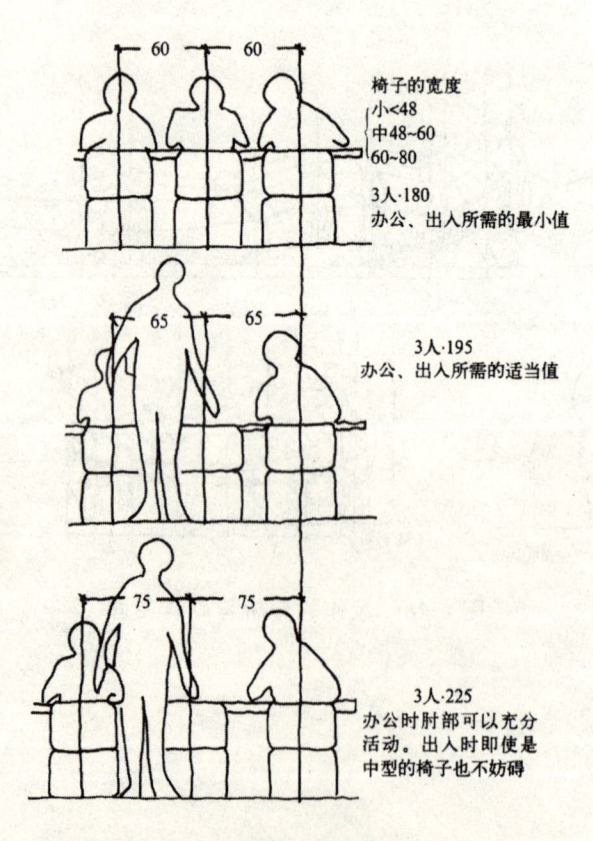

图 4-48　桌子周围的必要尺寸(单位:cm)

第四章 环境艺术设计的空间尺度

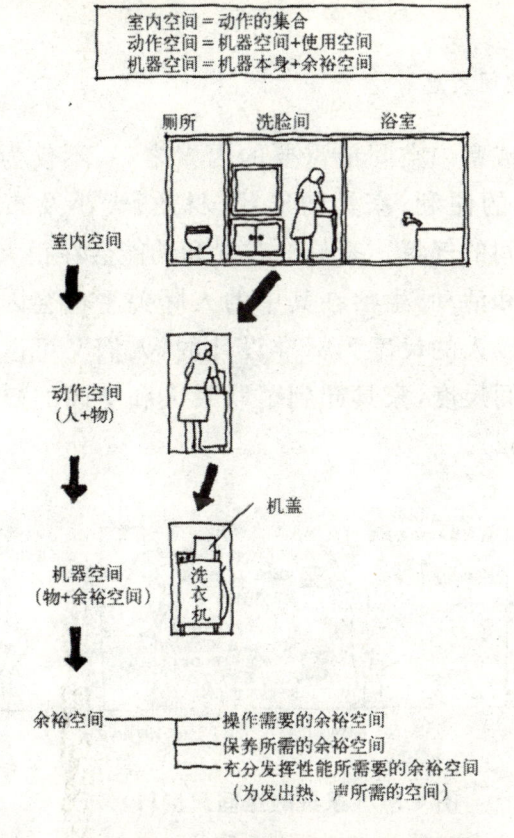

```
室内空间＝动作的集合
动作空间＝机器空间＋使用空间
机器空间＝机器本身＋余裕空间
```

室内空间 ——— 厕所 洗脸间 浴室

动作空间
（人＋物）

机器空间
（物＋余裕空间） ——— 机盖 洗衣机

余裕空间 ——— 操作需要的余裕空间
　　　　　　　 保养所需的余裕空间
　　　　　　　 充分发挥性能所需要的余裕空间
　　　　　　　 （为发出热、声所需的空间）

图 4-49　空间的划分与尺寸调整

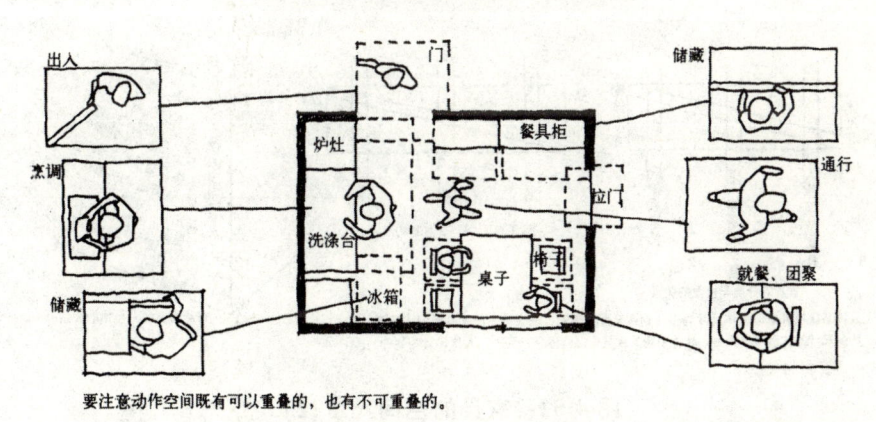

出入　　门　　储藏
烹调　　炉灶　餐具柜　通行
　　　　洗涤台　拉门
储藏　　冰箱　桌子　　就餐、团聚

要注意动作空间既有可以重叠的，也有不可重叠的。

图 4-50　房间的空间构成

3. 家具的空间尺度

家具是构成室内空间最重要的因素之一，不仅为人们的生活提供功能上的便利，家具的形状、材质、大小及布置会很大程度地营造房间的气氛。家具的布置和功能会在很大程度上影响人们的行为和活动，生活在其中的人际关系也会因此而产生变化。家具是以人的尺度为标准设计的，人们又可以根据家具把握房间的空间尺度，家具起到了联系人和空间的媒体的作用（图4-51、图 4-52）。

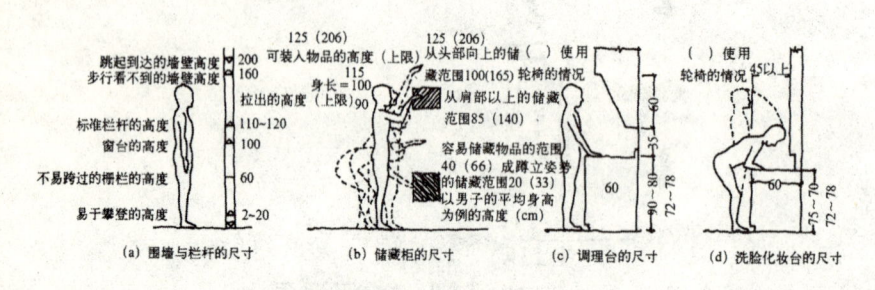

图 4-51　家具的空间尺度(1)

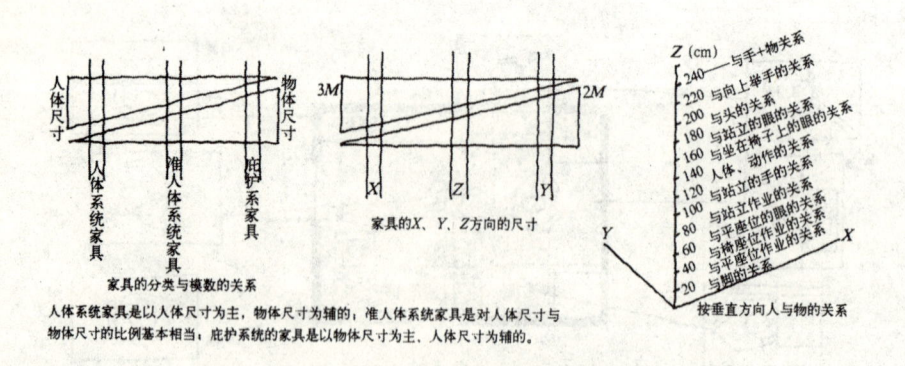

图 4-52　家具的空间尺度(2)

第四章　环境艺术设计的空间尺度

(二)视觉与心理的尺度

当然,在处理室内空间的尺度时,除了功能与结构的考虑外,心理与视觉的因素也是重要而不可忽视的,它决定了人们对室内环境的心理判断。人们关照室内空间的尺度时习惯以建筑构件为参照,尺度可以比较简易而本能地判断出来,人们在对室内空间的一瞥中就把尺度看得明明白白,这种能力几乎成了人的一种本能直觉。当空间的尺度比人体尺度大很多倍时就会给人带来超常的心理感受。

例如著名的"水晶教堂"的内部空间,由于纪念性、宗教性的巨大尺度而形成了雄伟壮观的感觉。古罗马的许多建筑是帝国权威和力量的象征,尺度是神话般的、非人类的。一般来说,室内空间的尺度应与空间的功能使用要求相一致,例如住宅中的居室,过大的空间将难以造成亲切宁静的气氛,为此居室的空间只要能够保证功能的合理性,即可获得适当的尺度感。但对于公共活动来说,过小过低的空间将会使人感到局限和压抑,这不仅会影响空间的公共性,而且从功能上难以满足人群的使用,以及精神上要求的宏伟、力量、博大的气氛,这些都要求有大尺度的空间(图 4-53)。

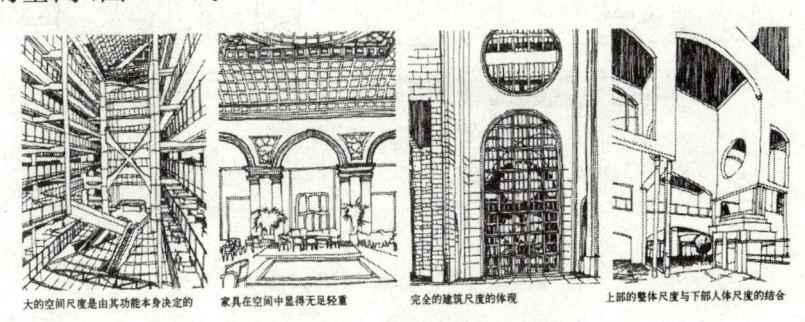

大的空间尺度是由其功能本身决定的　　家具在空间中显得无足轻重　　完全的建筑尺度的体现　　上部的整体尺度与下部人体尺度的结合

图 4-53　水晶教堂内部空间

在处理室内空间的尺度时,合理地确定空间的高度具有特别重要的意义。在空间的三个度量中,高度比长宽具有更大的影响,顶棚的高度决定了空间的亲切性和遮蔽性。室内空间从高度上有两种意义：一是绝对高度，即实际的层高，由功能、人体尺度和心理感受决定；另一个是相对高度，不单纯着眼于绝对的尺寸，往往要联系到空间的平面面积来考虑。人们常从经验中感受到，绝对高度不变时，面积越大，空间就显得越低，因此保持合适的水平尺度与高度的比例比增加绝对高度对于空间尺度感的塑造来说更有意义（图4-54）。

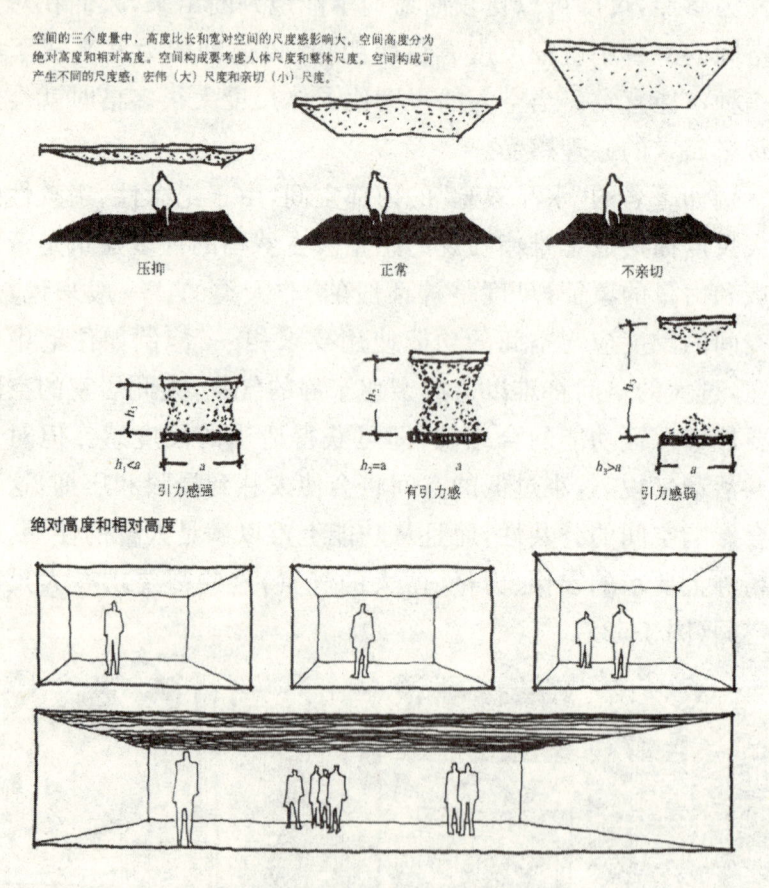

图 4-54　绝对高度和相对高度

（三）室内空间的模数

模数作为两个变量成比例关系的比例常数，通常含有某种度量的标准意义。在建筑与室内设计中，建筑模数与室内模数所代

第四章 环境艺术设计的空间尺度

表的内容是不尽相同的。建筑的模数主要针对建筑物的构造、配件、制品和设备而言,室内模数则与人的体位状态在空间中的尺度相关联。室内设计的空间模数应该是 100mm(国家标准)的 3 倍 300mm,这个数字的取得主要依据人的体位姿态与相关行为尺度,中国成年人的平均肩宽是 400mm,加上空间的余量正好是 600mm,600mm 的 1/2 正好是 300mm。这个数字之所以能够担当室内空间的模数,是与它在人的行为心理与室内的空间设计中的控制力有关的。如室内设计的平面功能规划,室内单人通道的最小尺寸为 600mm,适宜的尺寸为 900mm;双人通道的尺寸为 1200mm,高限为 1500mm;室内公共通道的底线尺寸为1500mm～2100mm,高限为 2100mm～2700mm 等等,所有这些通道宽度尺寸都与 300mm 有着倍数关系。室内设计的构件尺度同样也与 300mm 有着直接的联系。以办公空间的隔断为例:900mm 的隔断能阻挡桌面物品;1200mm 的隔断正好处于坐姿人体的视平线高度,低头可以用心于工作,抬头可以观察周围;1500mm 超过了坐姿人体视平线,却遮挡不了站立的人的视线,使坐着的人有空间安定感,而站着的人仍可以通观全局;1800mm 一般来讲遮挡了所有人的站立视线,产生了空间分割感。不仅如此,室内空间模数同时又与装修材料的规格尺寸相吻合。

第五章 环境艺术设计的造型方法

本章围绕环境设计的造型方法展开分析,它是对环境设计实践层面的论述。内容包括环境设计的基本造型要素——点、线、面、体,环境设计造型的形式原则、处理手法等。

第一节 环境艺术设计造型的基本要素

环境艺术设计的基本要素是点、线、面、体。这些基本元素按一定规律共同构成环境的各种具体的实体与空间。在分析这些要素时,我们要学会用抽象的眼光去看待。

一、点

一般而言,点是形的原生要素,因其体积小而以位置为其主要特征。点也是环境形态中最基本的要素。它相当于字母,有自己的表情。表情的作用主要应从给观者什么感受来考察。

数量不同、位置不同的点也会带给人不同的心理感受。如当单点不在面的中心时,它及其所处的范围就会活泼一些,富有动势。1983年西柏林吕佐广场建造的一批住宅,其侧立面山墙加了一个"单点",使无窗户的墙面变得富有生气,同时又增加了构图意味。

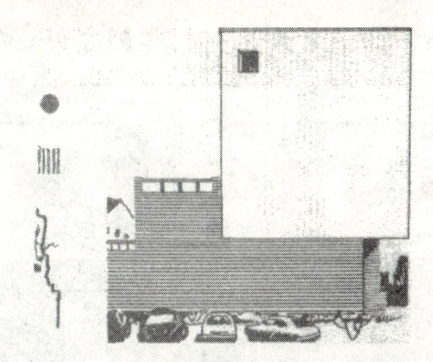

图 5-1　德国西柏林吕佐广场住宅

两点构图在环境中可以产生某种方向作用,可建立三种不同的秩序:水平、倾斜和垂直布置。

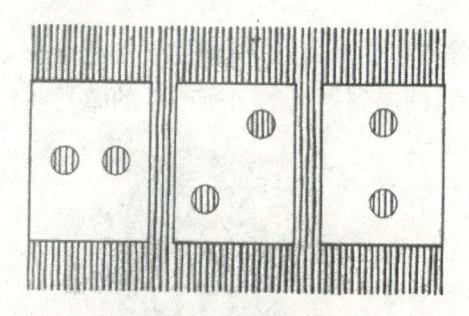

图 5-2　两点构图

两点构图可以限定出一条无形的构图主轴,也可两点连线形成空幕。

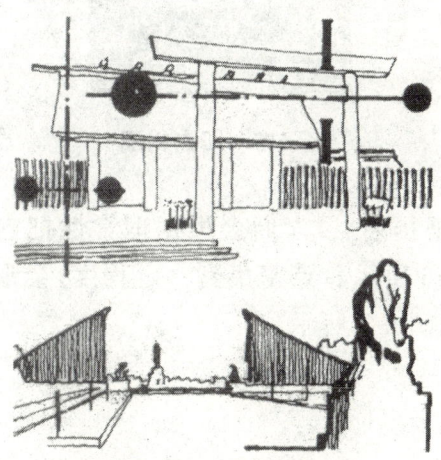

图 5-3　两点构图实际应用

三点构图除了产生平列、直列、斜列之外，又增加了曲折与三角阵。

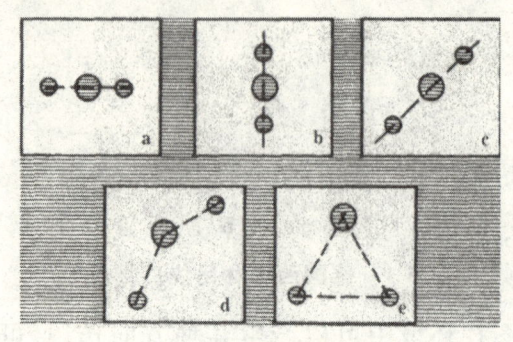

图 5-4　三点构图

四点构图除了以上布置之外，最主要的是能形成方阵构图。点的构图展开之后，铺展到更大的面所产生的感觉叫作点的面化。

图 5-5　四点构图

若有规律地排列点，人们会根据恒常性把它们连接形成虚的形态，如图 5-6 所示。点密集到一定程度，会形成一个和背景脱离的虚面，如图 5-7 所示。

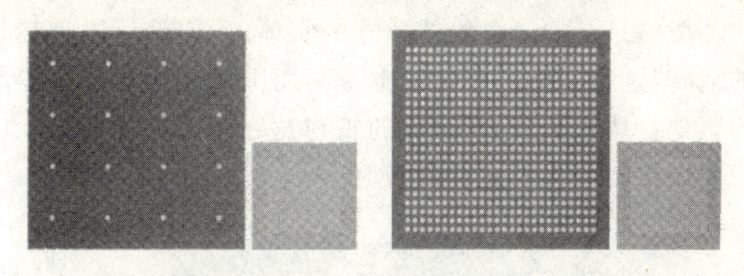

第五章　环境艺术设计的造型方法

图 5-6　规律的点　　　　图 5-7　点密集成面

点的聚集和联合会产生一个由外轮廓构成的面,如图 5-8 所示;点的排列位置如果与人们熟悉的形态类似,人们会自动连接这些点,而一些无规律的点则保持独立性,如图 5-9 所示。

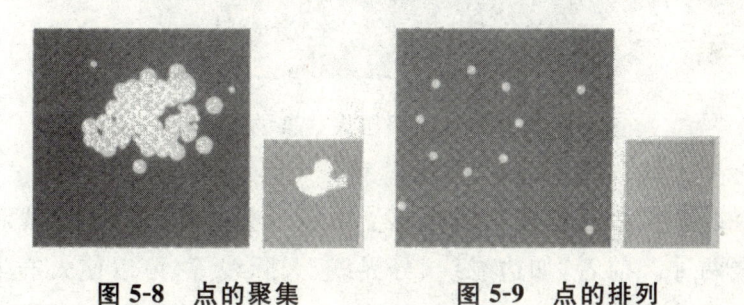

图 5-8　点的聚集　　　　图 5-9　点的排列

二、线

点的线化最终变成线。线在几何上的定义是"点移动的轨迹",面的交界与交叉处也产生线。

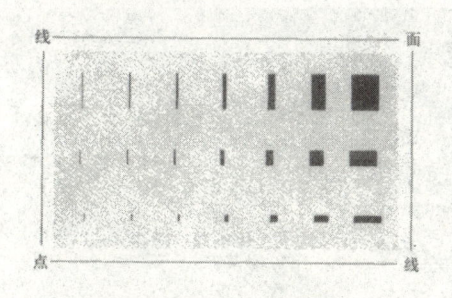

图 5-10　点—线—面

环境中只要能产生线的感觉的实体,我们都可以将其归于线的范畴,这种实体是依靠它本身与周围形状的对比才能产生线的感觉。从比例上来说,线的长与宽之间的比应为10∶1,太宽或太短就会引起面或点的感觉。

图 5-11 道路给人线条的感觉

线条按照其给人的视觉感受可以分为实际线或轮廓线和虚拟线两种。前者,如边缘线、分界线、天际线等,可以使人产生很明确而直接的视感;后者,如轴线、动线、造型线、解析线、构图线等,可被认为是一种抽象理解的结果。

生活环境中的线条也可分为几何线形和自由线形两种。自由线形主要由环境中尤其是自然环境中的地貌、树木等要素来体现。

图 5-12 地貌线条

图 5-13　树叶及叶脉线条

几何线形可以分为直线和曲线两种。直线包括折线、平行线、虚线、交线，又可分为水平、垂直、倾斜三种。曲线包括弧线、漩涡线、抛物线、双曲线、圆、椭圆、任意封闭曲线。

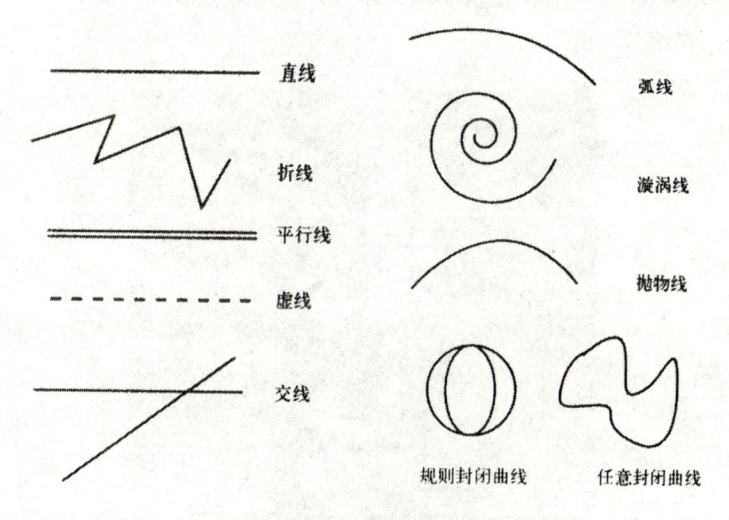

图 5-14　直线和曲线

在环境艺术设计中，不同的线形也可以产生不同的视觉观感。水平线能产生平稳、安全的横向感。

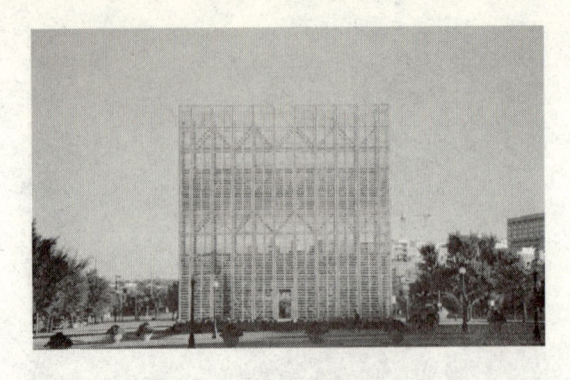

图 5-15　设计中的水平线

　　垂直线由重力传递线所规定,它使人产生力的感觉。人的视角在垂直方向比水平方向小,当垂直线较高时,人只得仰视,便产生向上、挺拔、崇高的感觉。特别是平行的一组垂直线在透视上呈束状,能强化高耸、崇高的感觉。此外,不高的众多的垂直线横向排列,由于透视关系,线条逐渐变矮变密,能产生严整、景深、节奏感。

图 5-16　设计中的垂直线

　　倾斜线给人的感觉则是不安定和动势感,而且多变化。

第五章　环境艺术设计的造型方法

它一般是由地段起伏不平、楼梯、屋面等原因产生,在设计中数量比水平、垂直线少,但应精心考虑它的应用,更不能有意消除倾斜线。

图 5-17　比萨斜塔

曲线常给人带来与直线不同的感觉与联想,如抛物线流畅悦目,有速度感;旋线具有升腾感和生长感;圆弧线则规整、稳定,有向心的力量感。

图 5-18　旋线

图 5-19 弧线

三、面

从几何的概念理解,面是线的展开,具有长度与宽度,但无高度,它还可以被看作是体或空间的边界面。面的表情主要由这一面内所包含的线的表情以及其轮廓线的表情所决定。

面可以分为几何面和自由面两种。环境艺术设计中的面还可以分为平面、斜面、曲面三类。

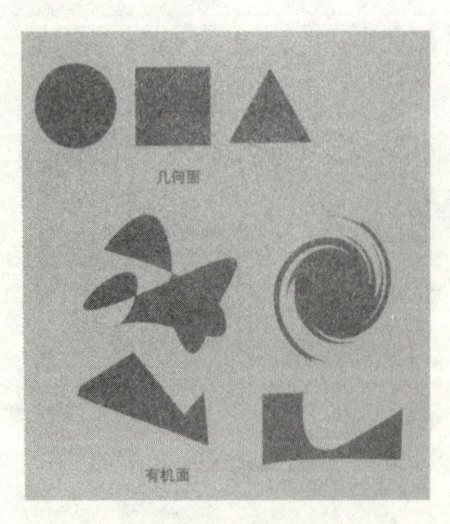

图 5-20　几何面和自由面

第五章 环境艺术设计的造型方法

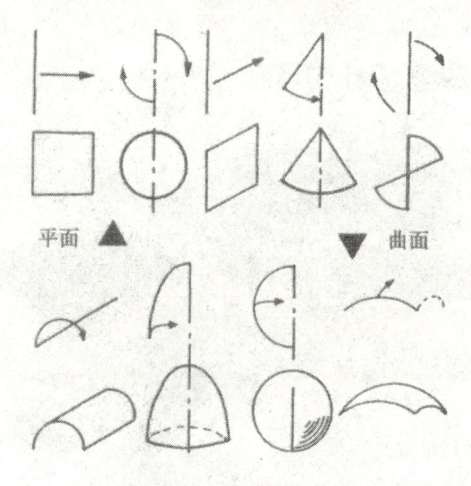

图 5-21 平面和曲面

在环境空间中,平面最为常见,绝大部分的墙面、家具、小物品等的造型都是以平面为主的。虽然作为单独的平面其表情比较呆板、生硬、平淡无奇,但经过精心的组合与安排之后也会产生有趣味的、生动的综合效果。

图 5-22 平面墙壁和家具

斜面可为规整空间带来变化,给予空间生气。在视平线以上的斜面可带来一些亲切感;在方盒子基础上再加出倾斜角,较小的斜面组成的空间则会加强透视感,显得更为高远;在视平面

· 119 ·

以下的斜面常常具有使用功能上较强的引导性,并具有一定动势,使空间不那么呆滞且变得流动起来。

图 5-23　由平面组成的趣味家具

图 5-24　斜面屋顶

曲面可进一步分为几何曲面和自由曲面。它可以是水平方向的(如贯通整个空间的拱形顶),也可以是垂直方向的(如悬挂着的帷幕、窗帘等)。它们常常与曲线联系在一起起作用,共同为空间带来变化。曲面内侧的区域感比较明显,人可以有较强的安定感;而在曲面外侧的人更多地感到它对空间和视线的引导性。

第五章　环境艺术设计的造型方法

图 5-25　曲面拱桥

四、体

体是面的平移或线的旋转的轨迹,有长度、宽度和高度三个量度,它是三维的、有实感的形体。体一般具有重量感、稳定感与空间感。

环境艺术设计中经常采用的体可分为几何形体与自由形体两大类。较为规则的几何形体有直线形体和曲线形体、中空形体三种,直线形体以立方体为代表,具有朴实、大方、坚实、稳重的性格;曲线形体,以球体为代表,具有柔和、饱满、丰富、动态之感;中空形体,以中空圆柱、圆锥体为代表,锥体的表情挺拔、坚实、性格向上而稳重,具有安全感、权威性。

图 5-26　立方体建筑(水立方)

图 5-27　球形雕塑

图 5-28　圆柱形建筑

较为随意的自由形体则以自然、仿自然的风景要素的形体为代表,岩石坚硬骨感,树木柔和,皆具质朴之美。

环境造型往往并不是单一的简单形体,而是有很多组合和排列方式。形体组合主要有四种方法。

其一,分离组合。这种组合按点的构成来组成,较为常用的有辐射式排列、二元式多中心排列、散点布置、节律性排列、脉络

第五章　环境艺术设计的造型方法

状网状布置等。形成成组、对称、堆积等特征。

图 5-29　鸟巢

其二,拼联组合。将不同的形体按不同的方式拼合在一起。

其三,咬接构成。将两体量的交接部分有机重叠。

其四,插入连接体。有的形体不便于咬接,此时,可在物体之间置入一个连接体。

第二节　环境艺术设计造型的形式原则

一、统一与变化

环境艺术并不是单纯的外观设计,也不是单纯的功能设计,它是外观设计与功能设计的统一,这就涉及各种要素的统一。把这些多样化的要素组织起来,必须要遵循统一的原则。但单纯统一又难免显得单调,因此还要注意统一中的变化问题。环境艺术设计的统一与变化包括三个层面的内容。

(一)平面

平面的统一是环境艺术设计中最主要、最简单的一类统一。

任何简单的、容易认识的平面图形,如三角形、正方形、圆形等都可以说是统一的整体。而在这个平面内的景观元素,自然也能被控制在这个范围之内。

在这个平面内进行设计,要达到各方面的统一,就不得不考虑功能以及功能表面的统一。这就需要理解功能的特征和使用上的流程,然后将相应的设施与场地集中在一起。

(二)风格

在环境艺术设计中,相比于平面的统一与变化,风格的统一与变化具有更大的难度。尽管如此,还是需要加强统一。这里有两个主要手法。

第一,通过对次要部位的控制,完成次要部位对主要部位的从属关系,从而完成从属关系的统一。如在主体环境的布局上,将其他景观元素的视线凝聚在主体上,从而完成对主体的衬托。特别是在纪念性的和庄重的环境中,以强调主体极端重要的地位,来加强其统一感和权威感。

除上述方法外,还可以通过景观要素的内在表现趣味来完成对主体的衬托。如相比较而言,外形高的、弯的、暗示运动的要素比外形矮的、直的、处于静止的要素更容易吸引人的视线。

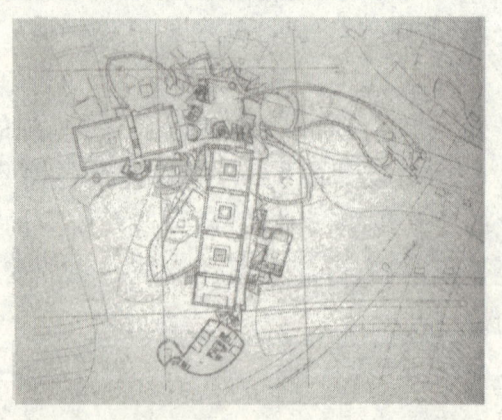

图 5-30　西班牙比尔巴鄂的古根汉姆美术馆

第五章 环境艺术设计的造型方法

第二,将景观中不同元素的细部和形状协调,并形成一致,从而完成整体环境的统一。在某些建筑物中,如前面所提到过的罗马庞贝剧场的情况,那里的每一件物品都能从属于总体的一般形状,所有较小的部位,均从属于某些较重要和占支配地位的部位。

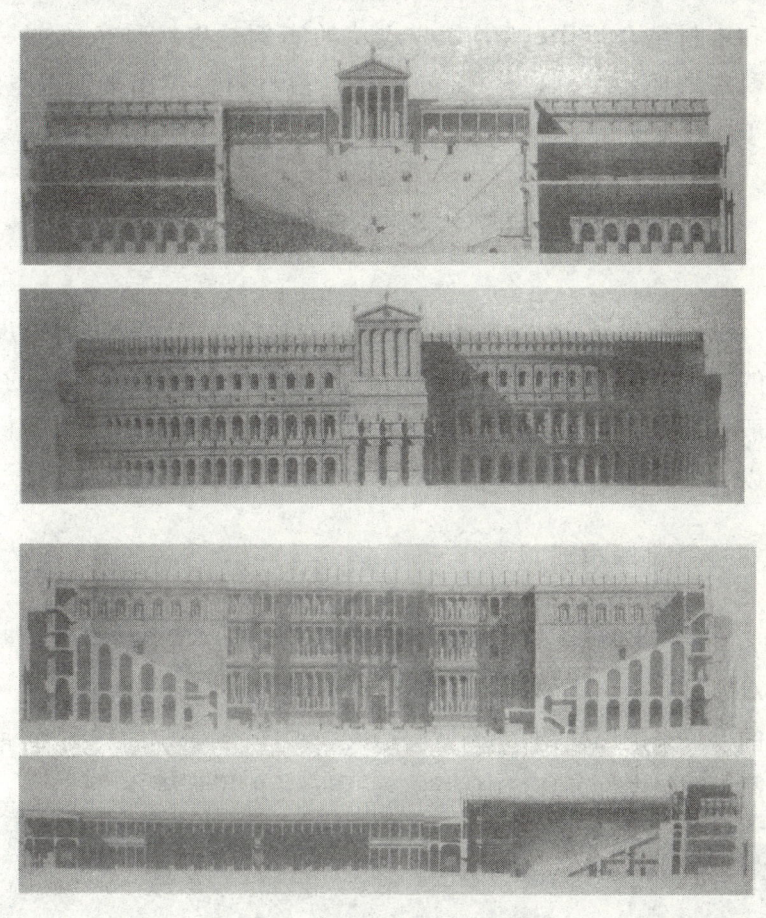

图 5-31 罗马庞贝剧场

(三)色彩和材料

色彩是与形状密切相关的一种要素。它的协调统一也与形状的协调统一密切相关。特别是对于环境艺术设计来说,色彩的协调统一具有得天独厚的优势。它可以通过选择植被来获得主导色彩,进而形成协调统一。

从装饰材料来看,装饰材料表面的色彩对比也可以产生一种戏剧性统一的效果。但它要求不能使对比色或材料之间在趣味上产生矛盾。若干时期的大量建筑曾把砖、石、陶瓷锦砖、抹灰和木材结合运用,其中一些成功的实例是以一种色彩或一种材料牢牢地占主导地位,对比的色彩或材料仅仅用来加以点缀,很少有平均对待的情况。

二、对称与均衡

在环境景观中,均衡性是最重要的特性。由于环境有三度空间的视觉问题,这便使得均衡问题颇为复杂。但较为幸运的是,一般人的眼睛会对透视所引起的视觉变形做出矫正,所以我们尚可以大量地通过对纯粹立面图的研究来考虑这些均衡原则。

(一)对称均衡

在所有均衡形式中,对称均衡是最简单的。它往往意味着对称的双方是完全一样的。在具体设计中,只要把均衡的中心以某种微妙的手法来加以强调,立刻就会给人一种庄严、安定的均衡感,所以在严肃和纪念性的环境中往往会采用对称的设计手法。

图5-32 君士坦丁凯旋门

（二）非对称的均衡

对称平衡的装饰通常与古典设计相维系，而非对称的平衡则多见于中世纪或哥特式构图。非对称的或不规则的均衡，不仅是更加复杂的问题，而且在当今的设计当中也是更为重要的问题。

所谓非对称的均衡是指虽然没有绝对的对称关系，但是仍然形成一种均衡的感觉。简单地说，如一边靠近支点的一部分重量，将由另一边距支点较远的一部分较轻的重量来平衡。

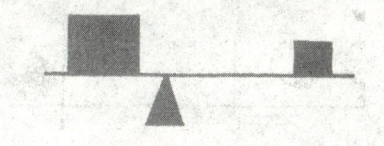

图 5-33　均衡

同样，在环境中各种要素的意识重量也是可以获得复杂的平衡。在这一平衡的体系中，我们无须去限制组成这一体系的各种要素的数量，如街道两侧的树木数量虽然不一致，也是能够达到视觉的平衡，关键在于树木的不同形式是否能够达成整体上的重量平衡。

其实，可以将更多的元素组织到这个视觉平衡体系之中。但这些要素的组织要采用适当的位置，有一个合适的平衡点或控制性的视觉焦点。

图 5-34　罗马努姆广场

相比对称的构图,在非对称的均衡中更需要强调均衡中心,如若不然,发现均衡谈何容易。同时,不规则的均衡是非常复杂的,如果没有明显的均衡中心,也很有可能导致混乱。为不规则的均衡加一个构图中心,是它的首要原则。

图 5-35　苏州拙政园

(三)整体的均衡

在环境艺术设计中,均衡不仅局限于视觉在静态情况下对景观的立面印象,而且运动中的视觉所捕捉到的不同景观立面,其序列产生的影响同样也需要均衡。如果艺术上均衡的一般定义在景观立面的设计中得到了确定,那么运用在复杂的平面中也同样是正确的。

环境景观总体的均衡,是每一个具体构图累积的最终结果,更是每一次平衡或不平衡体验累计的最终结果。但在整体的均衡当中,我们不要求在体量、尺寸和细部上一定是对称的,在每一个视点上的每一个场景当中也不一定具备均衡的构图,甚至在某一个或更多的视点中明显存在着不均衡,但是最终的结果却一定是均衡的。这种均衡是从宏观的角度追求整体上的均衡,而非局部的静态的平衡关系,是四维空间中的平衡。

图 5-36　中央电视台

三、节奏与韵律

（一）关于韵律

韵律可以使任何并不相连贯的感受获得规律化的统一。具有强烈韵律的图案能增加艺术感染力，因为每个元素的重复，会加深对形式和丰富性方面的认识。在环境艺术当中韵律具有类似的性质，而它的刺激性及其诗意的效果却超越了人的思想。

（二）韵律的形式

在视觉艺术当中，韵律主要呈现四种最基本的表现形式。

第一是造型的重复，即相同的造型和元素重复出现，形成一定的韵律。如相同的图案、造型等，在环境艺术当中如灯、柱、墙等。在此情况下，即使其间距有所改变，也不会破坏整体的韵律感。

第二是尺寸的重复，即元素之间可以变化大小或形状，而间距尺寸相同，这时韵律依然存在。

第三种韵律是以不同的重复为基础的,按着一定的规律进行变化,形成简便的关系,我们也可以把这种韵律叫作渐变的韵律。这种韵律相对于前两种较为复杂。

图 5-37　滑铁卢国际车站

图 5-38　重复韵律

图 5-39　渐变韵律

第四种韵律是自然的韵律。在环境艺术领域当中，空间和环境的复杂性和多变性为体现自然的韵律创造了条件，特别是那些结合自然环境和人文历史环境的景观设计。

此外，还有起伏韵律和间隔韵律两种。起伏韵律主要是指植物的高低变化。间隔韵律是指利用间隔距离的长短产生韵律。

图 5-40　起伏韵律

图 5-41　间隔韵律

但是,在环境艺术中的韵律就不仅仅是某种元素重复或排列那么简单了。在空间环境当中,人们不会以静态的方式来感受,更多的是以动态的方式来感受环境艺术。当人们在空间当中通过时,时间和运动因素影响着人们通过视觉所获得的信息。在他们面前有一系列变化着的场景,包括各种入口、路径、设施、植物等元素,这些元素的组合也形成了新的元素,当然更包括一系列空间的韵律。各种韵律自然地组织和交错在一起,就会形成一种复杂的韵律系列。这正是环境艺术不同于其他视觉艺术给我们带来的奇妙感受。

(三)空间的韵律

在环境艺术设计当中的韵律,并不单单是指立面构图和细部处理的韵律,它还包括空间韵律。甚至可以说,空间韵律比立面构图和细部处理的韵律更为重要。

对于室内空间来说,空间的界定比较清晰,人们对空间的感受更为完整。因此,当人们在两个空间中穿梭时,空间的大小、高低、宽窄、形状的变化会被不自觉地联系在一起,从而形成一种渐变或交替,进而创造出一种有秩序的变化效果。在建筑内部的空间体系中,这种韵律所具有的那种感染力是任何手法不能比拟的,如图 5-42。

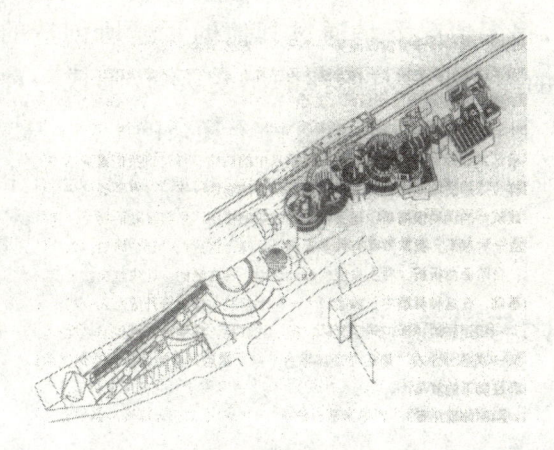

图 5-42　伊藤邦明 Hanawa Station

室外景观虽然没有室内空间那么完整和具体,但是它同样有其特定的空间概念,同样具有空间的序列关系和空间的韵律。其空间的韵律与室内空间韵律所不同的是,由于室外环境空间是开放式的,各空间在视觉上有一定的重叠,这种空间的叠加作用更加强了空间之间的联系和序列关系,使较大尺度变化的空间自然地联系在了一起,创造了另外一种韵律关系,如图 5-43。

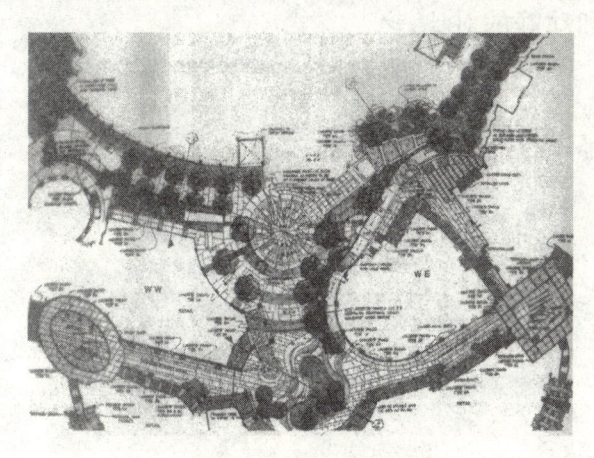

图 5-43　城市景观设计图

无论是室内空间还是室外空间,在平面中创造具有韵律关系的形式,就必然强化出一种运动感和方向感。所有令人满意的空间韵律,很多情况下是通过其他的元素所创造的韵律来加强的。过往的人们通过对韵律的感受,不仅形成一种愉快的和连续的趣味,而且引导观者通过一个复杂的平面,去探究一个开放式的韵律必须有的结尾,而且这个结尾必须是一个足够重要的高潮。

四、对比与微差

(一)对比

对比就是将两个对立的差异要素放在一起。它可以借助互相烘托陪衬求得变化。对比关系通过强调各设计元素之间色调、色彩、色相、亮度、形体、体量、线条、方向、数量、排列、位置、形态等方面的差异,使景色生动、活泼、突出主题,让人看到此景产生热烈、兴奋、奔放的感受。

具体来说,它包括形体的对比、色彩的对比、虚实的对比、明暗的对比和动静的对比。

图 5-44 形体的对比

第五章　环境艺术设计的造型方法

图 5-45　色彩的对比

图 5-46　虚实的对比

图 5-47　明暗的对比

图 5-48 动静的对比

(二)微差

微差是借助彼此之间的细微变化和连续性来求得协调。微差的积累可以使景物逐渐变化,或升高、壮大、浓重而不感到生硬。

在园林设计中,没有对比会产生单调,过多对比又会造成杂乱,只有把对比和微差巧妙地结合,才能达到既有变化又协调一致的效果。

图 5-49 孔洞之间的微差

图 5-50　什锦窗的微差

五、比例与尺度

(一)比例

比例是一个形态的长、宽、高之间的关系，尺度侧重人与形态之间的关系。园林中比例的运用受社会思想意识的影响。造型艺术是人类物质与精神文明的组成部分，其比例形式必然受到社会思想意识的影响。中国古代皇家园林建筑的大比例屋顶、大比例基座表现了皇权永固、皇权至上。西方教堂极长的窗体、硕大高耸的尖顶表现了对天堂的向往。中国古代自然山水小巧比例的建筑则反映了文人墨客追求淡雅、返璞归真的思想。

(二)尺度

尺度与比例是一种互相包容的整体关系，在谈论尺度的时候都会涉及比例的大小。影响尺度的因素有六个。

(1)建筑自身的尺度感。人们经常接触和使用的门窗、台阶、栏杆的绝对尺寸都是较为固定的，将它们与整体建筑相比较即能获得建筑物体量的概念。如果这些构件的比例放大或缩小，就会造成建筑体量过大或过小的错觉，因而使尺度失真。

(2)建筑的功能决定建筑的尺度。尺寸的确立要符合实用功能,如室内高 2.7m 左右、门高 2m 左右、窗台 1m 左右、踏步高 12cm~19cm。这些尺寸亲切、舒适、便利。室内过高会感到空旷,过低会感觉压抑。踏步太高会感觉吃力,太低会感觉烦琐。

图 5-51 建筑空间的尺度感

(3)环境与建筑物的尺度感。建筑物与所处的环境存在对比与衬托的关系。空旷的地段,并不太高的形态会有扩展体量的感觉,拥堵的环境中较为高大的形态也会有萎缩之感。同样一件雕塑作品放在一幢建筑物前会显得很雄伟,而放在广场范围的空间则显得很渺小。

(4)错视对比例与尺度的影响。错视是视觉中的一种特殊现象。如图面的视觉中心高于实际中心;同等长度的两条直线处于垂直与水平状态,感觉长短不同;同等长度的两条直线由于两端的形状不同,也感觉长短不同;直线在不同附加线的影响下,呈现弧状;两条平行线在不同附加线的影响下,显得不平行等。在设计中应对其比例进行调整。

(5)透视变形对比例与尺度的影响。建筑有较大的体量,人们实际看到的建筑形象都是在透视规律作用下看到的效果。在设计立面图上,或微缩比例的模型上看造型很完美,但在实际建造后会出现屋顶部分显得窄小的弊端,原因即是透视变形所造成的收缩感,因而在设计中应根据建筑物的高度适量扩大屋顶的比例。此外,同样直径的方柱与圆柱经透视变形,方柱显得粗

第五章　环境艺术设计的造型方法

壮,为了避免方柱开间的局促感,方柱开间比例要略放宽。

（6）人体工程学。现代设计已广泛运用人体工程学这门学科。人体工程学中详细介绍了男人、女人、儿童的人体数据,以及各种相关的工作、学习、生活场所的状态,图解相适应的设计尺寸作为设计的参考和依据。遵循这些数据进行设计必然会合理、实用。

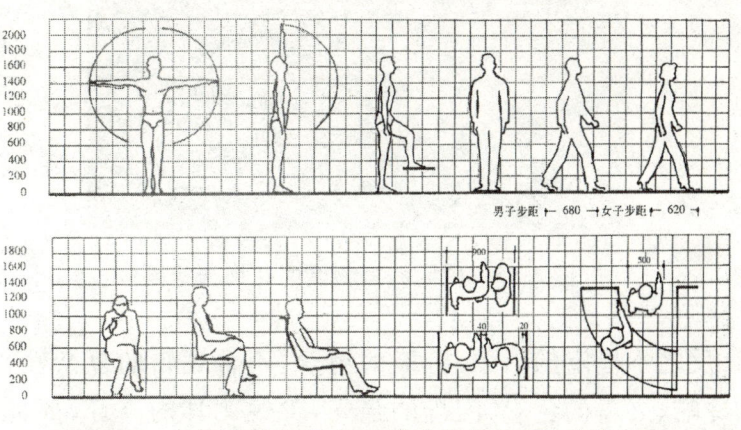

图 5-52　人体基本动作与活动空间的尺度(单位:cm)

第三节　环境艺术设计的处理手法

一、利用自然要素

(一)形

在环境艺术设计中,形无疑是最基本的。其他的元素都依附于形存在。形能起到加强或烘托的作用,观者对形的感受往往带有主观成分。例如,空间形态轻盈、柔和、细腻,尺寸合宜,光线淡雅,声音舒缓,空间界面流畅,质地调和,色彩宁静,结构稳定,易于理解会引起人的轻松之感,如图 5-53 所示。

图 5-53　伯明翰植物园的花岗岩花园

　　反之不稳定的形象,分裂的组合,不合逻辑的复杂性,不调和、冷酷、火爆的色彩,闪烁的强光,尖锐刺耳的声音,都可使人产生心理上的紧张感,等等,如图 5-54 和图 5-55 所示。

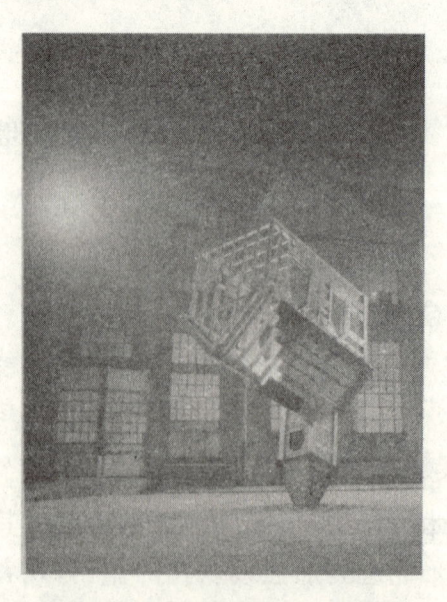

图 5-54　不稳定形象设计(1)

第五章 环境艺术设计的造型方法

图 5-55 不稳定形象设计(2)

不同形式的空间又有着不同的性格与情感表达,给人以不同的视觉及心理感受。比如,我们在设计中一定要有这种空间观念:一个广场并不等于一块大面积的地面上缀以各种建筑、设施、装饰和绿化,而是将它们根据功能、技术和艺术的要求有机和谐地组织在一起的完整空间,如图 5-56 所示。

图 5-56 设计的情感表达

(二)光

环境艺术设计中的形体、色彩、质感表现都离不开光的作用。光自身也富有美感,具有装饰作用。[①]

1. 光的类型

(1)自然光。

自然光主要指太阳光源直接照射或经过反射、折射、漫反射而得到的。阳光是最直接、最方便的光源,它随时间不同而变化很大,强烈而有生气,常常可以使空间构成明晰清楚,环境感觉也比较明朗而有气魄。

图 5-57 自然光

在运用自然光时,要注意四个方面的问题:①光的分布;②光的方向性与扩散性;③避免眩光现象;④光色效果及心理反应。

(2)人工光。

人工光是相对于自然光的灯光照明而言的。它由具有一定的发光特性的各种电光源所提供。

[①] 我们这里谈到的"光"的概念不是物理意义上的光现象,而主要是指美学意义上的光现象。

第五章 环境艺术设计的造型方法

图 5-58 人工光

人工光照明的方式有泛光照明（指使用投光器映照环境的空间界面，使其亮度大于周围环境的亮度。这种方式能塑造空间，使空间富有立体感）、灯具照明（一般使用白炽灯、镝灯，也可以使用色灯）、透射照明（指利用室内照明和一些发光体的特殊处理，光透过门、窗、洞口照亮室外空间）。

人工照明的形式还可分为直接照明、间接照明、半直接照明、半间接照明等形式。

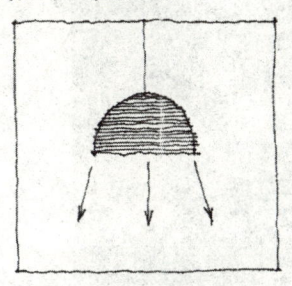

图 5-59　直接照明　　图 5-60　间接照明

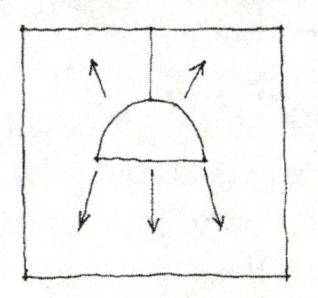

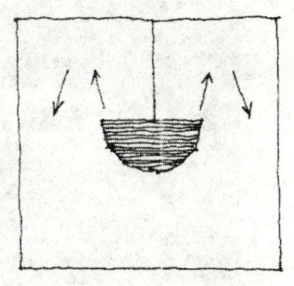

图 5-61　半直接照明　　图 5-62　半间接照明

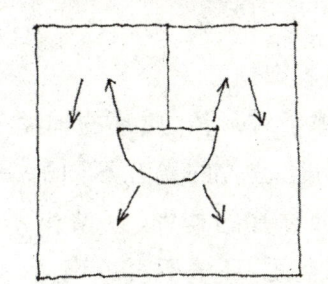

· 143 ·

2. 光在环境设计中的作用

光在环境艺术设计中有三个方面的作用。

(1)照明。

对于环境艺术设计而言,光的最基本的作用就是照明。适度的光照是人们进行正常工作、学习和生活必不可少的条件。因此,在设计中对自然采光和人工照明的问题应给予充分的考虑。

(2)造型。

光不仅用于照明,还可以作为一种辅助装饰形与色的造型手段来创造更美好的环境。环境实体所产生的庄重感、典雅感、雕塑感,使人们注意到光影效果的重要。环境中实体部件的立体感、相互的空间关系是由其整体形状、造型特点、表面质感与肌理决定的,如果没有光的参与,这些都无从实现。

图 5-63 光雕

(3)装饰。

光除了对形体、质感的辅助表现外,还具有装饰作用。不同种类、照度、位置的光有不同的表情,光和影也可构成很优美的并且非常含蓄的构图,创造出不同情调的气氛。这种被光"装饰"了的空间,环境不再单调无味,而且充满梦幻的意境,令人回味无穷。在舞台美术中,打在舞台上的各种形状、颜色的灯光是很好的装饰造型元素。

图 5-64　舞台灯光

与"见光不见灯"相反的是"见灯不见光"的灯的本身的装饰作用,将光源布置在合适的位置,即使不开灯,灯具的造型也是一种装饰。

图 5-65　灯具造型

3. 光的设计

(1)照度和色温设计。

众所周知,色温和照度的关系对空间的氛围很有影响。例如,色温数据是 4200K 的一般白色荧光灯,照度是 100lx 的整体照明将会造成郁闷的氛围。但是,如果在高色温低照度照明下,使用高显色光源,就会出现越是室内色彩丰富的空间,就越能改善室内氛围的结果。另外,大家都知道,只要增加一盏白炽灯,空间形象就会变好。

夜里,越是从外边远距离看住宅窗户射出的光线,用白炽灯照明的房间就越是显现成橙色,而且白色荧光灯就越清楚地显出白色。如果在房间里体验同样的光,随着时间的推移,白炽灯也会像看白色光那样由视觉神经做出调整。于是,要印象深刻地表现出光源色彩就要用与整体光线不同的光色对视野中捕捉到的重点对象进行局部照明的方法。

(2)眩光。

眩光的出现往往会对环境产生负面的影响,继而对人们的生活和生产带来影响。即使是在气氛很活跃的环境里,如果有令人心情不愉快的眩光存在,不仅会损坏人的视觉,而且还会失去空间里的品位和气氛。所以,避免眩光的产生是光环境的重要环节。

眩光的出现有以下两种情况。

第一,在视觉范围之内出现较亮的光源,我们称这种现象为直射眩光。在光源当中,最大亮度的光源是天上的太阳,太阳本身的亮度很强烈,即便是几秒钟都不能用肉眼直视。而普通的人造光源也一样,如果光源与周围的环境明暗对比过于强烈,眼睛就会感到不舒服。

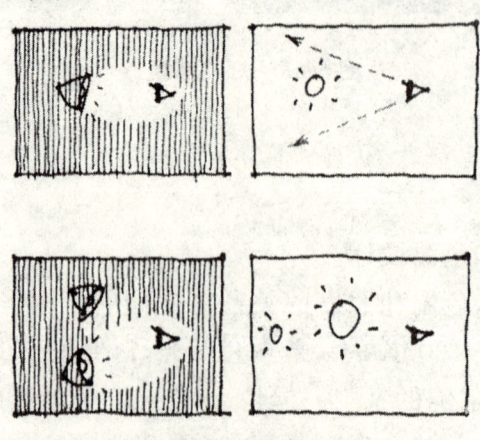

图 5-66 直射眩光

第五章 环境艺术设计的造型方法

第二,光源照射在光洁的平面上形成的光反射,叫作反射眩光。越是扩散性高的饰面,如果视线在可以看到反射光的角度上,就会感到像直接看到光源亮度那样晃眼。在物体表面出现反射眩光,会使人对物体表面特征准确地判断。

图 5-67 发射眩光

但是,相对于不舒服的眩光,也有高光和闪耀光的感觉是愉快的。通常的做法是以没有眩光的基础照明为主,在此基础上适当考虑带有装饰性的照明手段。另外,在空间中上部,适当充满隐约可见的亮度,就能给空间增加浓度,提高照明的质量。

(三)嗅

环境中的嗅觉主要是指草木芬芳,还有,比如我们在海边的时候,味觉能感受到海水淡淡的咸味等。它要求我们在进行公园与广场的环境艺术设计时,尽量远离污染源、清除污染源,并且最大限度地消解具体环境使用后产生死水、卫生死角的可能性,也要充分考虑到环境的维护措施。

另外,在室内环境中,特别是大型公共空间如大型商场,设计中要充分解决好自然通风、散热等问题。尽量采用环保型材料,减少有害性气体的挥发。使人们更好地进行上班、上学、休憩、购物、候车、散步、锻炼、游戏、交谈、交往、娱乐等活动。

(四)水

1. 水的类型

根据水景的形态,可将水景划分为静态水景和动态水景两大类。静态水景如湖泊、池沼、潭、井等,能映射出倒影,给人以明清、恬静、开朗或幽深的感受。动态水景如瀑布、喷泉、溪流、涌泉等,给人以变幻多姿、明快、轻松之感,形态丰富,并具有听觉美,声形兼备,可以缓冲、软化城市中"凝固的建筑物"和硬质铺装,以增加城市环境的生机,有益于身心健康,并能满足视觉艺术的需要。

根据容体的特性和形式,可将水体划分为自然式水体和规则式水体两大类。自然式水体如河、湖、溪、涧、泉、瀑等,它在园林中多随地形而变化,有聚有散,有曲有直,有高有下,有动有静。规则式水体如运河、水渠、方潭、规则式水池、喷泉、水井、叠水等,常与雕塑、山石、花坛等组合成景。

2. 水的功能

(1)调控气候功能。

大面积的水域能影响周围环境的空气温度和湿度。水面上水的蒸发,使水面附近的空气温度降低,所以无论是池塘、河流或喷泉,附近空气的温度一定比无水的地方低,且空气湿度增加。

(2)控制噪音功能。

水能使室外空间减弱噪音,造成一个相对宁静的气氛。特别是在城市中有较多的汽车、人群和工厂的嘈杂声,可经常用水来隔离噪音。

(3)观赏功能。

大面积的水面,能以其宏伟的气势,影响人们的视线,并能

第五章　环境艺术设计的造型方法

将周围的景色进行统一协调。而小水面则以其优美的形态和美妙的声音,给人以视觉和听觉上的享受。

(五)声

声学设计的基本作用是提高音质质量、减少噪声的影响。众所周知,声音源自物体的振动。声波入射到环境构件(如墙、板等)时,声能的一部分被反射,一部分穿过构件,还有一部分转化为其他形式的能量(如热能)而被构件吸收。因此,设计师只有了解声音的物理性质和各种建筑材料的隔声、吸声特性,才能有效地控制声环境质量,减少噪声。

图 5-68　天津站前广场的世纪钟

要创造音质优美的环境,取决于三个方面:第一,适度、清晰的声音;第二,吸声程度不同的材料与结构(控制声音反射量大小、方向、分布,清除回声与降低噪声);第三,空间的容积与形状。

(六)植物

植物是树木及花卉的总称。它对环境的影响包括以下几个方面:

1. 构筑空间功能

园林植物的构筑空间功能,是指在室外园林设计中,植物在构成室外空间时,如同建筑物的地面、天花板、墙壁、门窗一样,是室外环境的空间围合物,也是建筑的构成物。

植物在其自然生长和人工修剪的过程中,可以利用其树干、树冠、枝叶控制视线、控制私密性,从而起到构成空间的作用。植物在空间中的三个构成面(地面、垂直面、顶耳面),以各种变化方式互相结合,可以构建、形成不同的空间形式。

(1)开放型空间:这种空间四周开放、外向、无隐秘性,完全暴露,人的视线可以较自由地延展到远处,如低矮灌木与地被植物可形成开放型空间。

(2)半开放型空间:这种空间与开放型空间相似,不过开放程度相对较小,具有一定的方向性和隐秘性。由于有一定的围护,能够满足人的庇护需求,同时由于某些方位是敞开的,因而又能满足瞭望的需求。

(3)覆盖型空间:这种空间设计利用具有浓密树冠的遮阴树构成顶部覆盖、四周开敞的覆盖空间,这种空间与茂密的森林环境有些相似,由于光线只能从树冠的枝叶空隙及侧面射入,因此空间内部在夏季显得阴暗幽闭,而冬季落叶后则显得明亮开阔,同时,视线可以向四周扩散,能够很好地取得与外部其他空间的联系。

(4)封闭型空间:这种空间类型与覆盖空间相似,区别在于四周均被小型植物封闭,形成阴暗、隐秘感和隔离感极强的空间。比如,由茂密的植物形成类似于森林那样的效果,那么,顶部就可以由树冠覆盖,四周则由乔木的枝叶以及灌木所围合。

2. 观赏功能

植物的观赏功能主要反映在植物的大小、外形、色彩、质地等方面。

植物的大小直接影响空间的范围和结构关系,影响设计的构思与布局。例如,乔木形体高大,是显著的观赏因素,可孤植形成视线焦点,也可群植或片植;而小灌木和地被植物相对矮小浓密,可成片种植形成色块模纹或花境。不同大小的植物在植物空间营造中也起着不同的作用。如乔木多是做上层覆盖,灌木多是用作立面"墙",而地被植物多做底。

植物的外形简称"树形",是指植物整体的外在形象。植物的外形多种多样,大体可归纳为以下几种:

(1)纺锤形:其形态细窄长,顶部尖细,有较强的垂直感和高度感,将视线向上引导,形成垂直空间,如龙柏的外形就属于纺锤形。

(2)圆柱形:其形态细窄长,与纺锤形有些相似,不同的是圆柱形的顶部为圆形,如紫杉的外形就属于圆柱形。

(3)水平展开形:植物的生长趋向水平方向生长,高和宽几乎相等,展开形状及构图具有宽阔感与外延感,如鸡爪槭树的外形就属于水平展开型。

(4)圆球形:外形为圆球形的植物,圆润温和。圆球形植物在引导视线方面无倾向性,因而在整个构图中,圆球形植物不会破坏设计的统一性。使用该类植物可以在植物群中起到很好的调和作用。圆球形植物有桂花、香樟等。

(5)尖塔形:尖塔形外形的植物底部明显大,整个树形从底部开始逐渐向上收缩,最后在顶部形成尖头。尖塔形外形可以形成视觉的焦点。

(6)垂枝形:垂枝形植物具有悬垂或下弯的枝条。这类植物能将人的视线引向地面,与引导视线向上的尖塔形正好相反。

垂枝形的植物种在水岸边效果非常好,或种在地面较高的地方,这样能充分体现其下垂的枝条。

根据树叶的形状和持续性可以将植物分为落叶阔叶、常绿阔叶、落叶针叶、常绿针叶等不同种类。落叶阔叶植物种类繁多,用途广泛,夏季可用于遮阴,冬季则产生明亮轻快的效果,如杨树、梧桐等。常绿阔叶植物色彩较浓重,季节变化微小,可以作为浅色物体的背景。落叶针叶植物树形多高大优美,叶色秋季多为古铜色、红褐色,如水杉、落羽杉、池杉。常绿针叶植物多为松柏类,常给人端庄厚重的感觉,有时也会产生阴暗、凝重之感。

3. 生态功能

植物在我们生活中的各个方面都显示出极为重要的作用,植物是创造舒适环境最有力而又最经济的手段。夏天,树荫能遮挡阳光,使人们免受阳光的暴晒,而且植物叶片表面水分的蒸发和光合作用能降低周围空气的温度,并增加空气湿度;植物可以净化空气、水体和土壤,吸收二氧化碳,放出氧气;植物还能吸收有害气体,比如刚装修不久的房子可以利用植物来吸收室内的甲醛;在城市空气质量越来越差的今天,植物还可以吸收烟灰和粉尘,减少空气中的含菌量,改善城市小气候,调节气温和湿度。此外,在安全防护方面,植物可以蓄水保土。我国西北地区风沙较大,常用植物屏障来阻挡风沙的侵袭。具有深根系的植物、灌木和地被等植物可作为护坡的自然材料,保持水土。

二、利用装饰要素

(一)色彩

色彩是环境艺术设计中又一个重要的元素。它对人的心理有明显的影响作用。合理的配色可以对人形成一种积极的影响,而不合理的配色则会使人的心理产生一种不适,严重的还会使人产生心理紊乱而导致生病。

　　从色彩搭配的方式上来看,协调的配色效果有两种。一种是类似协调,它是在统一的前提下进行的配色。一般来说是相邻色相的匹配,如红色与紫色等。类似协调中还有同一协调,它是利用同一色相的不同深浅程度来匹配,如不同程度的绿色组成的协调。

图 5-69　不同程度的绿色对比

　　另一种是对比协调。它是利用互补的色相进行匹配,如红与绿等。在这种色彩协调中,要保持一种色彩的主体地位,这样才能获得变化中的协调效果,避免"乱调"。

图 5-70　不同色相之间的对比

(二)图案

1.关于图案

图案是人们通过创造性思维,将生产和生活中的素材进行规则化和定型化而形成的。它是装饰艺术的一个重要方面,可分为自然形图案和几何图案两种。自然形图案是以自然界中的物体(如人物、动物、植物、自然景物等)为原型创造的图案,几何图案则是诸如方形、圆形、三角形等图案。几何图案以审美为主要价值和功能,但也被用为象征目的。

图 5-71 法国凡尔赛全景

图案中的纹样有单独纹样和连续纹样两大类。单独纹样的分类有适合纹样、角纹样、边缘纹样三种;根据组织结构又分为规则和不规则两种,平衡的结构即是不规则形的;直立式、辐射式、转换式、回旋式之类属于规则形的。连续纹样主要有二方连续和四方连续两类,二方连续纹样的基本结构可以归为散点式、折线式、直立式、斜行式、波状式、几何式等；四方连续纹样一般为散点纹样、连缀纹样、重叠纹样等。

2. 自然界中的图案

自然界中的图案往往是出于实际用途而呈现的，诸如某些动物的图案就是为了生存。[①]

图 5-72 动物的隐藏

我们一直有一个错误的认识，认为自然界中的图形都是不规则的，其实正好相反。从运行的星体到大海的浪花、从奇妙的结晶到植物的叶脉和花朵、从动物的类种到贝壳和羽毛，这些都是实实在在的基本图形和有规律性的图案组合。人类认为是自己创造了简单的几何图形，并且由这些简单的几何图形构成了世界。其实，所有这些经验的来源是自然界，是人类通过观察自然界的一切物象，并从中提炼出有规律的基本图形，也就是我们现在广泛运用的基本几何图形。

---

① 要么是为了隐藏自己，躲避危险，要么就是突出自己，吸引别的动物的注意力。

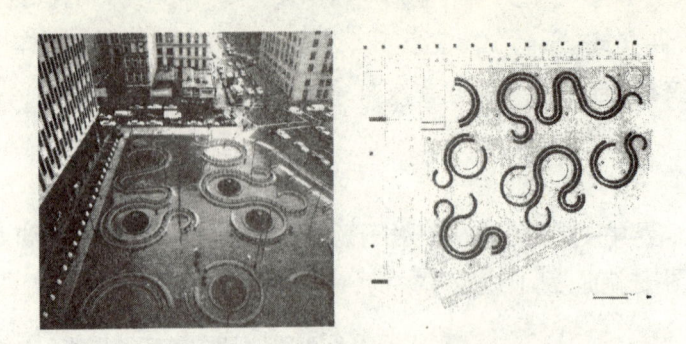

图 5-73　纽约亚克博—亚维茨广场（设计师玛莎·施瓦茨）

3. 中国古典图案

中国传统图案有着悠久的历史和辉煌的成就。它多用谐音的事物来表现，这就使得中国的古典图案不但有美的形式，还有美的内容和寓意。

图 5-74　以"鹿"（禄）为寓意的图案

中国的图案可以分为传统图案和民间图案两大类型。

中国传统图案在不同的时期和不同的器物上都有不同的表

现形式。如新石器时期的彩陶图案、战国时期的青铜器图案、汉代的漆器图案、各个时期的玉器图案、各个时期的瓷器图案,还有印染织绣图案和建筑装饰图案等。

中国的图案艺术偏重于装饰性,并且更重视主观世界的表现,比较写意,强调教化的作用;在构图方面追求全、美、满的美学观念,无论在器物造型还是纹样装饰上,都体现了一种整体的完美;擅长表意而不以模仿自然为追求,也就是侧重作者内在情感、意象、理念的借物抒情,不求描绘对象的形似,而是强调神韵(图 5-75)。

图 5-75 颐和园长廊彩绘

民间图案与传统图案有着明显的不同,其取材广泛,技法简洁概括,构图简单明确。艺术表现形式包括剪纸、玩具、印染、刺绣等。主体多表现吉祥的寓意(图 5-76)。

图 5-76 西藏拉亚乃炯寺神殿门廊彩绘

中国古代建筑以木结构为主,为了保护木材免受侵蚀,很早以前人们就知道用油漆来保护木结构部分。演变下来,彩绘变成了中国建筑装饰的独特艺术形式。春秋时期有"山节藻"的记录,即在建筑梁架的短柱上绘水藻的纹样。秦汉时期,在华贵建筑的柱子、椽子上也会有龙蛇、云团等图案。南北朝时则流行一些佛教纹样,如莲瓣、卷草、宝珠等。唐朝也形成了一定的制度和规格,宋《营造法式》上对建筑的制度和规格有详细规定。明清时期的图案更加程式化,并作为建筑等级划分的一种标志(图 5-77)。

图 5-77　故宫传统彩绘

4. 国外古典图案

国外古典图案一般以非洲图案、欧洲图案、波斯图案最具有代表性。国外古典图案比较偏重于客观地再现自然,比较写实,变形较小,侧重于美与真的统一,强调思维理性的认识作用(图 5-78)。

第五章 环境艺术设计的造型方法

图 5-78 意大利锡耶纳大教堂走廊

非洲图案以古埃及的图案为代表,大部分以动物纹样和几何纹样为主,构图以对称的手法为主,几何图案以四方连续的形式出现,并大量运用在帝王的墓穴中。最常见的几种图案为莲花、纸草和葡萄,这些植物是当地的特产,并且与埃及人的生活密切相关,莲花是幸福的象征,纸草可以写字。还有太阳、牛头、鹰、甲虫等图案。象形文字图案也是古埃及最具个性的图案(图 5-79)。

图 5-79 埃及法老墓建筑装饰

欧洲图案最早以古希腊的图案为代表,古希腊的图案一般以植物掌状叶和忍冬草为主要装饰图案,多用于神庙的室内装饰上。在器物上的装饰以人物最具有代表性。欧洲图案发展到后期以意大利和法国的艺术最具有代表性,而文艺复兴时期的图案最为突出。它的特征主要表现在构图多采用球心式、放射式、对称式和回旋式等。图案着重绘制自然形象,经常采用卷草、花枝,以反复的涡形线为主干作两面或四面均齐的形式,色彩富丽、构图自然(图5-80)。

图 5-80　欧洲古典建筑装饰图案

波斯图案以精细、丰满、华丽著称。波斯图案的题材比较广泛,植物、动物、人物、几何形、文字等都是其表现的素材。图案构图一般都采用对称的形式,对象较为写实、自由。在建筑中采用植物纹样和几何纹样较多,有时还结合文字出现(图5-81)。

第五章 环境艺术设计的造型方法

图 5-81 亚布拉汉姆皇宫天花图案

(三)质感和肌理

通常所说的质感就是材料肌理及材料色彩等材料性质与人们日常经验相吻合而产生的材质感受(图 5-82)。肌理就是指材料表面因内部组织结构而形成的有序或无序的纹理,其中包含对材料本身经再加工形成的图案及纹理(图 5-83)。

图 5-82 金属质感

图 5-83　木材肌理

每种材料都有它的特质,不同的肌理产生不同的质感,表达着不同的表情。生土建筑有着质朴、简约之感;粗糙的毛石墙面有着自然、原始的力量感;钢结构框架给人坚实、精确、刚正的现代感;光洁的玻璃幕墙与清水混凝土的表面一般令人感到冷冰冰、生硬而缺乏人情味,强调模板痕迹的混凝土表面则有人工赋予的粗野与雕塑感的新特性;皮毛或针织地毯具有温暖、雍容华贵的性格;木地板有温馨、舒适之感;磨光花岗岩地面则具有豪华、坚固、严肃的感觉。

第五章 环境艺术设计的造型方法

图 5-84 生土建筑

图 5-85 毛石墙

图 5-86　钢结构框架和玻璃幕墙

图 5-87　针织地毯

图 5-88　花岗岩地面

三、利用艺术品

(一)绘画

1. 绘画的种类

油画,是用透明的油料调和颜料,在制作过底子的布、纸、木板上塑造艺术形象的绘画形式。

水彩画,是一种用水调和颜色作画的绘画形式。水彩一般都是透明的,用胶水调制而成。水彩画借用水来表现色调的浓淡和透明度,利用纸和颜料的渗透掩映作用,表现明丽、轻盈、滋润、淋漓等独具魅力的艺术效果。

版画,是以版作为媒介来制作的一种绘画艺术。通常由画家利用木、石、金属、丝网等材质制版,印刷成版画。版画可以印制成两张以上相同的作品,因此又称"负数艺术"。

素描,是指画家在平面上涂画的一种单色的形象。它是一种最古老的艺术形式,也是一切造型艺术最基本的艺术手段。

中国画,是在用中国传统工艺制造的纸张上,用水调和天然矿物质颜料绘画而成的绘画艺术。中国画追求表现意境,所以在绘画技法上追求利用纸张和毛笔的特点来表现风格。

绘画的基本类型可分为以上四种类型,此外由这衍生出来多种类型,比如水粉画、丙烯画等。在不同的地区和民族还有自己的特殊绘画种类。

2. 绘画风格与环境

绘画在环境中可以表明环境的性质,并起到装饰的作用,使环境锦上添花、画龙点睛。环境中的绘画表现形式有壁画和挂画两种形式。壁画是将绘画直接绘制在墙面或其他建筑的表面上,它与建筑形成一个整体,建筑存在,绘画也就存在。壁画要根据所处室内和室外的物理环境特征,如潮湿、雨雪、风沙、光照、污染、温度等因素,选择恰当的材质。除了前面提到的绘画形式,壁画当中还经常运用陶瓷锦砖、玻璃镶嵌、壁毯等。挂画是将已绘制好的绘画作品经过装裱后,根据环境的需要悬挂在墙面上(图 5-89)。

图 5-89 北京故宫养心殿内景

第五章　环境艺术设计的造型方法

绘画的题材、形式、风格、画种都需要服从于环境,应该与环境的使用功能、意境、风格相协调统一。无论是壁画还是挂画都应该考虑尺寸的问题,即绘画尺寸和环境之间的比例关系。画框和装裱形式是绘画作品和环境衔接的重要元素,要充分考虑与环境的风格和特征相统一(图 5-90)。

图 5-90　敦煌 30 窟内景,北周末隋初时期

3. 绘画题材与功能

绘画产生于史前的旧石器时代,当时主要的表现方式是洞穴壁画。表现题材也以自然界和生活中的事物为主。后来有了叙事的描绘,开始记录生活场景和所发生的事件。到了 3000 年前古希腊的爱琴文明时期,绘画艺术主要是装饰壁画。从公元前 2 世纪开始,古罗马绘画继承了古希腊文化的优秀传统,成为西方文明中古典主义的主体(图 5-91)。

绘画的题材与环境的使用功能密不可分。从绘画在不同历史时期所形成的风格和流派可以得出这样一个结论,也就是说绘画在特定的环境和历史背景,有着不同的题材和审美要求。中世纪的西方国家把基督教作为治理国家的精神支柱,所以它的艺术是基督教思想最强烈、最纯粹、最崇高的表现,它远离客观自然,充满形而上学的、神秘的观念,趋向于装饰性、象征性、概念化的表现。

图 5-91 都灵,斯图皮尼吉宫内的狩猎厅,
菲利波·尤瓦拉设计

  初期的基督教绘画以墓室壁画为主,表现技法与古罗马时代的绘画相似,并多采用象征手法,而内容则以基督教义为主,担负着宣传教义和祈祷死者灵魂升天的任务。再如 19 世纪初盛行的浪漫主义,它突出的艺术主张是将个人的感情趣味以及艺术才能不受任何形式和法则的限制表现出来。主张具体情感的表达,尊重个性化,重视用色彩来创造饱满的形象,用奔放的笔触创造有生命力的动感造型。

  绘画的风格流派,可根据不同的历史背景分为文艺复兴时期、巴洛克时期、洛可可时期、新古典主义、浪漫主义、现实主义、印象主义、现代主义等。而不同的风格流派就是在不同的历史背景下形成的,影响风格流派的因素包括经济、政治、信仰、生活习惯、地理、气候等。

第五章　环境艺术设计的造型方法

　　而在现代社会当中,文化多元、信息快捷、技术发达,使绘画艺术在题材和技法等方面的表现更加丰富,纷然杂陈的各种主义,前后互动的各种思潮,惊世骇俗的反叛行动,五花八门的艺术运动,充斥着人们心灵的激情和创造力,记录着痛苦、喜悦、彷徨与亢奋的心路历程(图 5-92)。

图 5-92　西班牙街头涂鸦

　　影响现代绘画的几个流派包括野兽派,它是 20 世纪出现最早的前卫艺术运动,它实现了色彩的解放,在色彩的主观性和自由表达方面做出了大胆的探索。野兽派画家追求的是在绘画平面上造就强烈的、自由奔放的色彩感和简练的造型、和谐的构图相统一的风格。

图 5-93　野兽派画家弗拉曼克作品

表现主义的特征是在作品中通过强调表现和宣泄情感的极端重要性,来表达艺术家与社会现实之间的紧张关系。

毕加索在1907年创作的《亚威农少女》标志着立体主义的诞生。立体主义绘画打破了传统绘画只能按照一个视点作画的规则,放弃追求真实的空间效果,而是力图用二维的形式来表现三维的物象。立体主义画家在对对象进行认真观察和敏锐感受的基础上作立体块面的提炼,获得以貌取神的效果。

图 5-94 亚威农少女

未来主义者关注和颂扬青春、速度、创意、冒险、活力等稍纵即逝的现象。未来主义的作品充溢着积极进取、漠视秩序与规则的精神,以及原始而充满浪漫的观念。

抽象主义是一种反对表现视觉印象和视觉经验的艺术流派。它不描写对象的可视特征,而是强调形状、色彩、线条、块面的精神实质,追求从物象的真实表面解放出来。抽象主义可分为两类,一类是所谓的逻辑抽象或冷抽象;另一类是所谓的感情抽象或热抽象(图 5-95)。

另外还有达达主义、超现实主义、后现代主义、波普艺术、超级写实主义、欧普艺术、新表现主义等等。艺术流派层出不穷,花样翻新,让人眼花缭乱、应接不暇。在这个多元的时代里,绘画与生活的界限不断模糊。从不同流派的形成背景来看,绘画与人文环境有着密切的关系,所以总能找到与环境相对应的题材和表现风格的绘画作品。

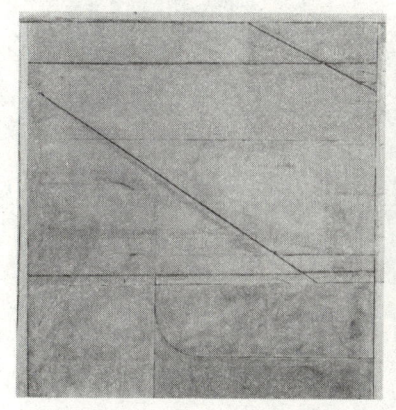

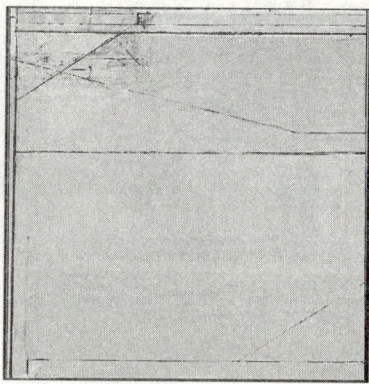

图 5-95　抽象主义,理查德·迪贝科恩作品

图 5-96　公寓式梅·维斯特头像

图 5-97　梅·维斯特之屋,达利作品

图 5-98　装饰艺术主义作品

（二）雕塑

雕塑以其自身的形象特质成为环境的景观,强化了环境的主题,深化了空间的意境。

1. 雕塑的种类与形式

雕塑从表现形式可以分为圆雕和浮雕两种形式。

圆雕,是在空间状态上,靠自身重心或内部连接,稳定地坐落在台座或直接放置在地面上,适宜于人们全方位观赏,属于三维空间的完全立体的雕塑作品。圆雕是在空间中实际存在的、有立体的形体,它的实际体量与绘画的虚拟体量在视觉感受上有着本质的区别。圆雕通过其凸凹起伏的部分在光线下产生深浅、浓淡的变化,来表现体量所需的具体细节,通过体面相接的局部或因光线投射下的阴影形成的外形轮廓线,与体量和块面共同组成雕塑造型的基本语言。

第五章　环境艺术设计的造型方法

图 5-99　圆雕(1)

　　作为雕塑艺术的主要形式,圆雕具有最鲜明的独立性。它不仅记录了人们的视觉经验,还记录了人的触觉性感觉经验,这种触觉性造型感觉即雕塑感,包括雕塑表面所唤起的触觉性感觉意识,雕塑体量所暗示的人的体量感觉意识,以及体量的外观和重量之间一致性的感觉。

　　圆雕可分为单体圆雕和复体圆雕(群雕)两种。由于雕塑本身具有强烈的视觉效果和明确的主题表现形式,所以其能够在空间中形成视觉的中心和空间主体的点睛作用。圆雕本身没有背景,这就更需要圆雕的风格、体裁、材料等表现手段与环境协调统一,构成统一、和谐的艺术效果,创造出特定的空间感,赋予其独特的艺术魅力。

图 5-100　圆雕(2)

浮雕,在平面上雕塑出来凸凹起伏形象的一种介于圆雕和绘画之间的艺术形式。它的空间构造可以是三维的立体形态,也可以兼备某种平面形态。但是通常来说,为特定视点的欣赏需要或者装饰的需要,浮雕相对于圆雕的突出特征是经形体的压缩处理后的二维或者平面特征。被压缩的空间限定了浮雕空间的自由发展,更多地运用绘画及透视学中的虚拟与错觉来达到表现的目的。但是浮雕能很好地发挥绘画艺术在构图、题材和空间上的优势,表现圆雕所不能表现的内容和题材。它既具备一般雕塑的特征,又比其他雕塑形式具有更强的叙事性。

图 5-101　浮雕(1)

浮雕按照其压缩空间的程度不同,又分为高浮雕和浅浮雕。高浮雕压缩程度较小,其空间构造和雕塑特征更接近圆雕。它往往利用三维立体的空间起伏或夸张处理,形成浓缩的空间感和强烈的视觉冲击。浅浮雕形体压缩的程度较大,平面感较强,更接近于绘画形式。它主要不是依靠实体性空间来营造效果,而是更多地利用绘画的描绘手法或透视等处理方式来表现抽象的压缩空间。

从浮雕中还派生出一种镂空形式的浮雕——透雕,它在浮雕上保留物象部分,去除物象的依托部分,形成虚实空间并存的浮雕形式。由于空间的通透和虚实的分割,透雕相对显得更为空灵贯气而不沉闷,既有圆雕轮廓清晰的特征,又兼具浮雕平面

第五章　环境艺术设计的造型方法

舒展的特点。

图 5-102　浮雕(2)

2. 雕塑题材与功能

设置在广场、街道、大厅等空间内的雕塑作品,除了能够起到美化环境、明确环境意义的作用外,还应该具有连接和组织空间的作用,形成以雕塑为中心的具有社会意义和文化意义的空间环境。

根据雕塑的题材可以划分出三类雕塑类型。

(1)纪念性雕塑。它以纪念发生过的重大事件以及重要的人物为主题,主题内容严肃庄重,富有强烈的精神内涵。纪念性雕塑在城市环境中具有特殊的作用,作为一种纪念,它使一些事件和人物产生持续的影响,是一个区域中的精神象征,它是环境的主干和高潮。纪念性雕塑都采用写实的雕塑手法和象征性的寓意手法。形式有头像、半身像、全身像、群像、物体构成等,并且占据着环境空间的重要位置,如广场的中心、街道的重要位置或者重要建筑的前面,也会在重要事件发生的地方设置纪念性的雕塑。在雕塑周围应留出进行纪念活动的足够空间。

图 5-103　彼得大帝雕塑

（2）标志性雕塑。其自身的特殊视觉特征、独特的表现特质和丰富的雕塑造型手段是其他艺术形式所无法取代的，其在主题表现方面对该区域的特征有一定的概括作用，使其具备区域的标识作用。在一个城市或者一个重要的区域里，纪念性雕塑往往也可以成为该城市或区域的重要标志。

图 5-104　标志性雕塑

（3）装饰性雕塑。装饰性雕塑设施是内外环境中的重要组成部分，它具有装饰性、趣味性、互动性、功能性等特征。其主要

第五章 环境艺术设计的造型方法

功能是发挥装饰和美化环境的作用,并在环境当中具有一定的组织作用。它的表现形式和风格多种多样,题材没有限制,所设置的环境也非常广泛,并且很多情况下是与环境的其他元素结合设计的,比如植物、设施、构筑物、标志等。

图 5-105 装饰性雕塑

3. 雕塑风格与环境

从题材和表现上雕塑可分为具象雕塑和抽象雕塑。

具象雕塑,即具体的形象,它是指艺术中可辨认的、和外在世界有直接关系的内容,是对外界的直接反映。具象雕塑运用具象艺术手法制作,运用严格的透视、解剖原理,追求物象的整体或局部的形似,通过对自然严肃细致的刻画,以获得具象真实的效果。

抽象原为提取、提炼之意。抽象雕塑作为一种艺术形式,失去了可供辨认的具体特征,完全强调艺术家的主观意念,抛弃生活与自然的真实,把生活的体验、技艺、经验、联想、想象等一系列印象,用点、线、面、体、色等抽象的或几何的元素在空间中凝结和游动,分离或组合,以一种非具象的、变幻莫测和似是而非的视觉形式,追求一种纯粹性和规则性。

环境中的雕塑必须与环境背景有机融合,它要确立其环境艺术的内涵。它不但应该与宏观环境相统一,也要与微观环境相协调,具有社会意义和文化内涵。这种融合表现在题材、风格、材料、尺度等方面。它不仅仅是把较大尺度的艺术作品展示于公共空间之中,还要求具有与社会公众进行对话和互动的可能。

图 5-106 克里斯多的大地艺术,流动的围墙

4. 环境设施的雕塑性

在现代这样一个快节奏和需要快速获取信息的时代,关注环境设施对周围环境的装饰是非常必需的。起居室墙上的精美图片或是饭厅桌子中央的鲜花,它们的主要目的是美化,而一把椅子或壁橱更多的是功能作用,但是它在空间内的视觉意义甚至要更大于墙上的图片和桌上的鲜花。在城市环境中,一些街道设施是为了实用,如柱子、钟塔和喷泉。尽管其主要目的是一种象征作用,但是它也有一定的功能。候车亭、街灯、长凳尽管是功能性的,也可以并应该运用纯形式语汇来进行设计,使其成为吸引人的街道雕塑。

第五章　环境艺术设计的造型方法

图 5-107　创意候车亭设计

所有环境设施的一个重要目的就是建立、支持或强化一个地区的独特人文性。佩夫斯纳(Pevsner,1955)写道:"一个地方的灵魂,即地域精灵,是一个从古话中借用过来的虚构人物并给出新含义。如果我们将它纳入现代术语中,地域精灵就是一处场所的特征。在市镇中,场所的特征不仅是地理上的,而且也是历史的、社会的,尤其是美学的。"

挑选相称的环境设施能将特征赋予一个特定的城市、区域或场所。例如,巴黎地铁的入口就是一种很独特的新艺术风格。它们由海克特·桂玛德(Hector Guimard)(1867～1942)等人设计,在巴黎有很大的号召力,拥有远比其他大城市的类似实用设施大得多的魅力。

相似地,由乔治·吉尔伯特·斯科特(George Gilbert Scott)设计的英格兰乡村的红色电话亭,也为英格兰乡村景色的地域精灵作出了重要的贡献。英国电信和墨克优利(Mercury)公司的替代物,虽是功能性的却没红色电话亭的特征(图5-109)。

图 5-108　巴黎，多菲内港地铁入口，1900 赫克托·吉马尔的设计

图 5-109　乔治·吉尔伯特·斯科特设计的英格兰乡村的红色电话亭

第六章 环境艺术设计造型的空间组织

空间是建筑的主角,空间是环境艺术设计的核心。正确理解和把握空间,对每一个从事建筑、规划和环境艺术设计的人员来说是最基本的素质和要求。无论是环境设计、建筑设计,还是室内设计,其主体与本质都是对空间的丰富想象与创造性设计。因此,有必要对环境艺术中的空间组织进行专门的研究。

第一节 空间的概念与类型

一、空间的概念

按《现代汉语词典》的解释,空间"是物质存在的一种客观形式,由长度、宽度、高度表现出来"。空间是与实体相对的概念,空间和实体构成虚与实的相对关系。我们今天生活的环境空间,就是由这种虚实关系所建立起来的空间。

空间对宇宙而言是无限的,而对于具体的环境事物来说,它却是有限的,无限的空间里有许多有限的空间。在无限的空间里,一旦置入一个物体,空间与物体之间立即就建立了一种视觉上的关系,空间部分地被占有了,无形的空间就有了某种限定,有限、有形的空间也就建立起来了。

由建筑所构成的空间环境,称之为人为空间,而由自然山水等构成的空间环境叫作自然空间。我们研究的主要是人们为了生存、生活而创造的人为空间,建筑是其中的主要实体部分,辅助以树木、花草、小品、设施等,由此构成了城市、街道、广场、庭院等空间。

建筑构成空间是多层次的,单独的建筑可以形成室内空间,也可以形成室外空间,如广场上的纪念碑、塔等。建筑物与建筑物之间可以形成外部空间,如街道、巷子、广场等,更大的建筑群体则可以形成整个城市空间。

二、空间的类型

建筑空间是一个多元多义的概念,是复杂事物的综合体,因此,对于空间的命名和分类也都是从不同的角度、不同的着眼点去认识的,很难以一种参照系作为定位的唯一坐标去界定建筑空间复杂的内涵和外延,而只能从建筑行业内大家习惯的方式给空间做出命名和分类。这种约定俗成的空间类型和称谓也多从不同的角度和层面上反映了空间的一定性质或某一个侧面。

(一)从使用功能上分类

从使用的性质来看,某些空间是属于公众共同使用的,如广场、影剧院等,也有些是属于某部分人专用的,如住宅、办公室等不同的使用性质,在设计上必须有不同的考虑和处理方式。

1. 公共空间

顾名思义,公共空间的性质是属于社会成员共有的空间,是适应社会频繁的交往和多样的生活需要产生和存在的,无论是室外的,如城市广场、花园、商业街等,还是室内的,如机场、车站、影剧院等均是如此。当今较流行的建筑大楼里的"共享空间"就是比较典型的公共空间的例子。

第六章 环境艺术设计造型的空间组织

图 6-1 公共空间

公共空间往往是人群集中的地方,是公共活动中心或交通枢纽,由多种多样的空间要素和设施构成,人们在公共空间中的活动有较大的选择余地,是综合性、多功能的灵活空间。公共空间的设计要尽量满足现代人高参与、娱乐以及亲近自然的心理需求。如"共享空间"常把山水、植物、花卉等室外特征的景物引到室内,打破室内外的界限。同时,人群的流动、滞留、活动和休憩区域等的划分和设计也要充分考虑到不同人群的心理共性和个性特点,使空间真正富有生命力和充满人性气息。

2. 私密空间

人除了有社会交往的基本需要外,也有保证自己个人的私密和独处的心理和行为要求。私密空间就是要充分保证其中的个人或小团体活动不被外界注意和观察到的一种空间形式。住宅就是典型的私密空间,除此之外还有办公室等。

私密空间也有程度不同的区分,同在住宅空间里,卧室、书房的私密程度就要稍高,而客厅则是家庭成员的公共空间。因此,对于公共与私密空间的认识也必须要做具体的分析,不可一概而论。公共空间里,有时也要有一定的私密区域,譬如餐厅,影剧院里也常有包房、包厢等属于较私密的空间范围,以适应不同人的需要。

图 6-2　私密空间

3. 半公共空间

半公共空间是介于公共空间和私密空间之间的一种过渡性的空间,它既不像公共空间那么开放,也不像私密空间那样独立,如住宅的楼道、电梯间和办公楼的休息厅等。半公共空间多属于某一范围内的人群,因此,设计需要有一定的针对性,如办公楼休息厅的设计可以考虑业主的专业性质和文化因素等,以适合使用。

4. 专有空间

专有空间是指为某一特殊人群服务或者提供某一类行为的建筑空间,如幼儿园、敬老院、少年宫以及医院的手术室、学校的计算机室等。由于专有空间是为某一特定人群服务的,它既非完全公开的公共空间,又不是供私人使用的私密空间,设计时需要考虑特定人群的特性。如敬老院主要是为老人服务的,老人的行动和心理上的特殊性都是空间设计、布置的依据。幼儿园的设计往往在建筑高度、材料使用、色彩选择上要求有针对性。

第六章 环境艺术设计造型的空间组织

图 6-3 专有空间

(二)从对空间的心理感受上分类

不同的空间状态会给人以不同的心理感受,有的给人平和、安静的感觉,有的给人流畅、运动的感觉。不同的功能要求和空间性质需要提供相适应的空间感受。

1. 动态空间

所谓动态空间是指利用建筑中的一些元素或者造型形式等造成人们视觉或听觉上的运动感,以此产生活力。动态的创造一般有两种类型:第一类是空间中由真正运动的要素所形成的动感,如瀑布、小溪、喷泉、电梯或变化的灯光等。

图 6-4 动态空间

当然,这在实际空间中只是运用很少的一部分,空间中绝大部分的物体都是静止不动的,如建筑构件、家具、各种陈设物等。但是物理上的静止并不等于视觉上的静止,人们常常利用视错觉以及一些视觉心理因素来使静止的物体产生运动感,犹如绘画中利用构图、线条、色彩等来创造动感一样。这是第二类的动态空间。因为动态空间有生气、有活力,人们往往在舞厅、歌厅等一些娱乐场所和某些商场采用这种设计,创造动感,增加欢乐的气氛。

(1)运动元素造成的动态空间。

这类元素比较容易理解,如电动扶梯、暴露式升降电梯、瀑布、喷泉、小溪、变化的灯光等都可以创造很强的动感。音乐经常可以调动人的情绪和心理,因此,在空间里配上音乐,随着节奏和时间也能创造动感。在空间组织时,合理地设计人流的运动方向,用人流的穿梭造成有秩序的运动,这在商场、展览馆之类的空间里非常有效。合理利用这些运动元素来创造动感是空间设计中常用的手段。

(2)静止物体创造的动态空间。

这类创造主要是调动和利用人的视觉心理和视错觉来形成动感,用空间中的点、线、面、体的视觉感受规律来进行组织和设计。线具有较强的方向性,面以及体都可以造成变化,从而形成方向,引起动感。

譬如,在剧院里,人们常常利用许多集束的线条从顶棚向舞台延伸,这样人的视线随线延伸而产生运动感。哥特式教堂的垂直空间和由柱子的线条集束向上向中间集中,使人们的视线和心理随着空间和线条上升到空中,一种很强的感染力把上苍的崇高提升至顶峰,造成心理上的动感。还有一种比较含蓄的,用引导和暗示的手法来创造动态。譬如,用楼梯、门窗、景窗等来做暗示,提醒和暗示人们后面还有空间的存在,或者利用匾额、楹联等启发人们对于历史、典故的动态联想。

2. 静态空间

人们除了要求在空间中的运动感,强调空间的生气和活泼外,也时常要求有平静和祥和的空间环境。静与动是相辅相成的关系,没有静也无所谓动,没有动也不存在静。静、动不同的空间态势可以满足不同的人在不同时间的不同心理要求。静态空间设计除了要减少空间里的运动元素(如过高过强的声音、运动的物体和人的过多活动等)外,还需要在以下方面着重考虑:

(1)静态空间的围合面的限定性要强,与周围空间的联系要减少,趋于封闭型。

(2)空间形态的设计多采用向心式、离心式或对称形式以保持静态的平衡。

(3)空间的色彩尽可能淡雅和谐,并要光线柔和,装饰简洁。

(4)空间中点、线、面的处理要尽可能规则,如水平线、垂直线等,避免过多不规则的斜线、自由线破坏平静和稳定感。

图 6-5 静态空间

3. 流动空间

流动空间是把多个空间联系起来,使其相互贯通,相互融合,进而在三维空间基础上构成的四维空间。流动空间可引导人们的视线,使其通过移动而产生透视变化,进而形成不同的视觉和心理感受。

在流动空间中,对空间的处理不只是将其当作静止不动的消极因素,而是强调其流动性的融合。因此,空间在垂直和水平方向上均采用象征性的分隔,用围合、分隔等多种手段造成连续、流动的空间层次,以保证空间之间的连续和交融,视线和交通尽量保持通畅,少阻碍,空间的布置灵活多变。流动空间要求把人的主观和空间的客观积极因素都调动起来。

(三) 从分隔手段分类

有些空间是在建筑成型时就已形成,一般不能再改变,我们称之为固定空间。有些空间可以根据需要进行灵活的处理和变动,用家具、设备、绿化等进行分隔或重新分隔,这些灵活多变的空间形式,我们称为灵活空间。

(四) 其他类型

1. 结构空间

建筑必须要依靠结构才能实现,现代空间的建筑结构也是多种多样的。以往人们总是把建筑结构隐藏起来,表面加以装饰,而随着对于结构的认识越来越深刻,人们发现结构与形式美并不一定是矛盾的,科学而合理的结构往往就是美的形态,尤其是新材料、新技术的出现,更加增强了空间的艺术表现力。当今,体育馆、体育场等大型建筑空间的设计中将造型和结构完美结合已是屡见不鲜。因此,设计师要善于充分利用合理的结构本身,结合艺术的形式创造出美的结构空间。

2. 迷幻空间

迷幻空间主要是指一种追求神秘、新奇、光怪陆离、变化莫测的超现实主义的、戏剧化的空间形式。设计者在主观上为表现强烈的自我意识,利用超现实主义艺术的扭曲、变形、倒置、错位等手法,把家具、陈设、空间等造型元素组成奇形怪状的空间形态,甚至把不同时代、不同民族和地区的造型因素组合在一起,造成一种荒诞和奇特的感觉。

第二节　室内外空间环境的组织

一、室内空间

室内空间环境是指建筑的内部环境,是由限定空间要素的墙体、地面、天棚围合而成的。室内空间与人的关系最为密切,人生的大部分时间都会在其中度过,对人的影响最大。在室内空间中,人会有各种不同类型的活动和不同的功能需求,当然也必须具有不同功能的空间与之相适应。

(一)室内空间的分隔

室内空间的分隔是在建筑空间限定的内部区域进行的,它要在有限的空间中寻求自由与变化,在被动中求主动,它是对建筑空间的再创造。

1. 室内空间的分隔形式

空间的分隔主要有完全分隔、局部分隔和弹性分隔三种形式。

(1)完全分隔。

完全分隔是使用实体墙来分隔空间的形式,这种分隔方式可以对声音、光线和温度进行全方位的控制,私密性较好,独立性强,多用于卧室、餐厅包房和 KTV 包房等对私密性要求较高的空间,如图 6-6 所示。

图 6-6 完全分隔的餐厅包房

(2)局部分隔。

局部分隔是指使用非实体性的手段来分隔空间的形式,如家具、屏风、绿化、灯具、材质和隔断等。局部分隔可以把大空间划分成若干小空间,使空间更加通透、连贯,如图 6-7 所示。

图 6-7 局部分隔

第六章　环境艺术设计造型的空间组织

（3）弹性分隔。

弹性分隔是指用珠帘、帷幔或特制的连接帘等来分隔空间的形式，这种分隔方式方便灵活，装饰性较强，如图 6-8 所示。

图 6-8　弹性分隔

2. 室内空间的分隔手段

一般情况下，对室内空间的分隔可以利用隔墙与隔断、建筑构件和装饰构件、家具与陈设、水体、绿化等多种要素，按不同形式进行分隔。

（1）室内隔断的分隔。

室内空间常以木、砖、轻钢龙骨、石膏板、铝合金、玻璃等材料进行分隔，形式有各种造型的隔断、推拉门和折叠门以及各式屏风等，如图 6-9 所示的木质隔断。

图 6-9　木质隔断

一般来说,隔断具有以下特点:

①隔断有着极为灵活的特点。设计师可以按需要设计隔断的开放程度,使空间既可以相对封闭,又可以相对通透。隔断的材料与构造决定了空间的封闭与开敞。

②隔断因其较好的灵活性,可以随意开启,在展示空间中的隔断还可以全部移走,因此十分适合当下工业化的生产与组装。

③隔断有着丰富的形态与风格。这需要设计师对空间的整体把握,使隔断与室内风格相协调。例如,新中式风格的室内设计就可以利用带有中式元素的屏风分隔室内不同的功能区域。

④在对空间进行分隔时,对于需要安静和私密性较高的空间可以使用隔墙来分隔。

⑤住宅的入口常以隔断(玄关)的形式将入口与起居室有效地分开,使室内的人不会受到打扰。它起到遮挡视线、过渡的作用。

(2)室内构件的分隔。

室内构件包括建筑构件与装饰构件。例如,建筑中的列柱、

第六章 环境艺术设计造型的空间组织

楼梯、扶手属于建筑构件；屏风、博古架、展架属于装饰构件。构件分隔既可以用于垂直立面上，又可以用于水平的平面上。例如图 6-10 所示的室内构件划分的空间。

图 6-10　室内构件分隔出的居室通道

一般来说，构件的形式与特点有如下几个方面：

①对于水平空间过大、超出结构允许的空间，就需要一定数量的列柱。这样不仅满足了空间的需要，还丰富了空间的变化，排柱或柱廊还增加了室内的序列感。相反宽度小的空间若有列柱，则需要进行弱化。在设计时可以与家具、装饰物巧妙地组合，或借用列柱做成展示序列。

②对于室内过分高大的空间，可以利用吊顶、下垂式灯具进行有效的处理，这样既避免了空间的过分空旷，又让空间惬意、舒适。

③对于以钢结构和木结构为主的旋转楼梯、开放式楼梯，它们本身既有实用功能，同时对空间的组织和分隔也起到了特殊作用。

④环形围廊和出挑的平台可以按照室内尺度与风格进行设计（包括形状、大小等），它不但能让空间布局、比例、功能更加合理，而且围廊与挑台所形成的层次感与光影效果，也为空间的视觉效果带来意想不到的审美感受。

⑤各种造型的构架、花架、多宝格等装饰构件都可以用来按需要分隔空间。

(3)家具与陈设的分隔。

家具与陈设是室内空间中的重要元素,它们除了具有使用功能与精神功能之外,还可以组织与分隔空间。这种分隔方法是利用空间中餐桌椅、小柜、沙发、茶几等可以移动的家具,将室内空间划分成几个小型功能区域,例如商业空间的休息区、住宅的娱乐视听区。这些可以移动的家具的摆放与组织还有效地暗示出人流的走向。

此外,室内家电、钢琴、艺术品等大型陈设品也对空间起到调整和分隔作用。家具与陈设的分隔让空间既有分隔,又相互联系。其形式与特点有如下几个方面:

①住宅中起居室的主要家具是沙发,它为空间围合出家庭的交流区和视听区。沙发与茶几的摆放也确定了室内的行走路线,如图 6-11 所示的由家具划分的空间。

图 6-11 家具分隔

②公共的室内空间与住宅的室内空间都不应将储物柜、衣柜等储藏类家具放置在主要交通流线上,否则会造成行走与存取的不便。

第六章　环境艺术设计造型的空间组织

③餐厨家具的摆放要充分考虑人们在备餐、烹调、洗涤时的动线,做到合理的布局与划分,缩短人们在活动中的行走路线。

④公共办公空间的家具布置要根据空间不同区域的功能进行安排。例如接待区要远离工作区;来宾的等候区要放在办公空间的入口,以免使工作人员受到声音的干扰。内部办公家具的布局要依据空间的形状进行安排设计,做到动静分开、主次分明。合理的空间布局会大大提高工作人员的工作效率。

(4)绿化与水体的分隔。

室内空间的绿化、水体的设计也可以有效地分隔空间。具体来说,其形式与特点有如下几个方面。

①植物可以营造清新、自然的新空间。设计师可以利用围合、垂直、水平的绿化组织创造室内空间。垂直绿化可以调整界面尺度与比例关系;水平绿化可以分隔区域、引导流线;围合的植物创造了活泼的空间气氛。

图 6-12

②水体不仅能改变小环境的气候,还可以划分不同功能空间。瀑布的设计使垂直界面分成不同区域;水平的水体有效地扩大了空间范围。

③空间之中的悬挂艺术品、陶瓷、大型座钟等小品不但可以划分空间,还成为空间的视觉中心。

(5)顶棚的划分。

在空间的划分过程中,顶棚的高低设计也影响了室内的感受。设计师应依据空间设计高度变化,或低矮或高深。其形式与特点有如下几个方面:

①顶棚照明的有序排列所形成的方向感或形成的中心,会与室内的平面布局或人流走向形成对应关系,这种灯具的布置方法经常被用到会议室或剧场。

②局部顶棚的下降可以增强这一区域的独立性和私密性。酒吧的雅座或西餐厅餐桌上经常用到这种设计手法。

③独具特色的局部顶棚形态、材料、色彩以及光线的变换能够创造出新奇的虚拟空间。如图 6-13 顶棚的图案就凸显出这一空间的功能。

图 6-13 顶棚划分的阳光房

第六章 环境艺术设计造型的空间组织

④为了划分或分隔空间,可以利用顶棚上垂下的幕帘来进行划分。例如,住宅中或餐饮空间常用布帘、纱帘、珠帘等分隔空间。

(6)地面的划分。

利用地面的抬升或下沉划分空间,可以明确界定空间的各种功能分区。除此之外,用图案或色彩划分地面,被称为虚拟空间。其形式与特点有如下几个方面:

①区分地面的色彩与材质可以起到很好的划分和导识作用。如图6-14所示,石材与木质地面将空间明确地分成阅读区和会客区。

图6-14 地面划分的书房

②发光地面可以用在物体的表演区。

③在地面上利用水体、石子等特殊材质可以划分出独特的功能区。

④凹凸变化的地面可以用来引导残疾人顺利通行。

(二)室内空间界面的处理

空间是由界面围合而成的。一个建筑空间分别由顶棚、地面、墙面组成,处理好这三种界面要素不仅可以赋予空间以特性,而且还有助于加强它的完整统一性。

1. 顶棚

作为空间的顶界面,顶棚最能反映空间的形状及关系。顶棚处理方法主要有以下几种:

一是暴露顶棚结构和设备管线(图 6-15、图 6-16)。某些建筑的结构本身具有一定的形式美感,还有一些建筑师为了突出工业化设计,甚至不考虑掩盖各种顶棚管线和设备,同样也取得了一种近似暴露结构的粗犷美。

图 6-15 暴露顶棚结构

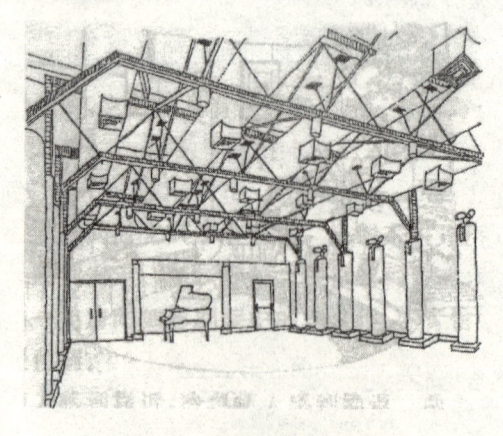

图 6-16 暴露顶棚设备

第六章　环境艺术设计造型的空间组织

二是将顶棚全部用吊顶棚包裹起来,通过在顶棚上部做出高差处理,达到建立主从秩序、突出重点和中心等多种目的(图6-17、图6-18)。

图6-17　凹顶棚

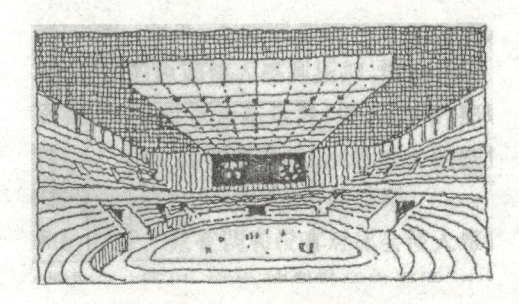

图6-18　凸顶棚

三是将顶棚单独悬吊,与顶部结构保持一定的距离,形成顶与地之间的中间层,形成有收放、高低错落的空间形式(图6-19)。

图6-19　悬吊顶棚

2. 地面

地面处理首先是高差的处理。为了适应不同的功能要求，可以将地面处理成不同的标高，巧妙地利用地面高差的变化形成凸起或下凹空间，常常会取得良好的效果。其次是地面装饰材料和装饰图案的设计。地面可以选择木材、石材、塑胶、地毯、玻璃等多种材料。在采用石材地面时，还可以采用不同色彩的大理石、水磨石、马赛克等拼嵌成图案以起装饰作用。室内地面的处理如图 6-20 所示。

（a）下凹式地面处理；(b)下凹并结合材质的地面处理

图 6-20　室内地面的处理

3. 墙面

墙面处理应注意以下几个问题：
(1)处理好墙面的虚实。

墙面处理中，门、窗为虚，墙面为实，虚实的对比与变化则往往是决定墙面处理成败的关键。墙面的处理应根据每一面墙的特点，有的以虚为主，虚中有实；有的以实为主，实中有虚。应尽量避免虚实各半平均分布的处理方法。

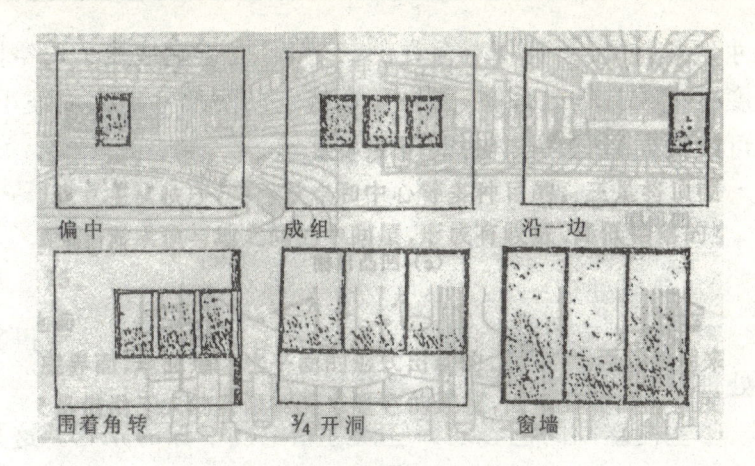

第六章　环境艺术设计造型的空间组织

图 6-21　墙面虚实与开窗

(2)建立墙面分隔体系。

墙面的分隔大致可分为两种:横向分隔和竖向分隔。横向分隔一般多用在低矮的墙面上,给人以安定的感觉。竖向分隔多用在高耸的墙面上,给人以兴奋的感受。

在进行墙面的分隔处理时,要注意不能把门和窗等空洞当成一种孤立的要素来对待,因为削弱它们的独立性,也有助于建立一种秩序。

(3)注意各种主体元素的节奏与韵律。

在进行墙面处理时,也要注意墙面的重复、交替而产生的韵律美,这种韵律美在将大小窗洞相间排列或两个窗成双成对排列时更为强烈。

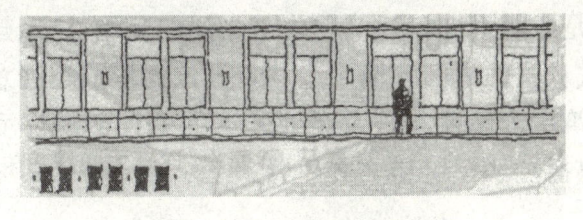

图 6-22　窗户的重复与韵律

(4)使空间的尺度感正确显示,避免错觉。

门、窗及其他依附于墙面上的各种要素都有合适的大小和尺寸,且这种尺寸是相对存在的,它们可以正确地显示出空间的尺度感。在具体处理时,如果任意将它们的尺寸扩大或缩小,都有可能造成错觉,并歪曲空间的尺度感。

4. 界面的色彩与质感

(1)色彩处理。

不同的色彩会使人们产生不同的心理感受,这就使得我们在处理空间界面的色彩时需要注意以下几个方面:

①室内空间的色彩装饰应该遵循上浅下深的原则。这是因为浅色会给人以较轻的感觉,深色则会给人以较重的感觉。上浅下深会产生一种稳定的感觉。

②室内空间的色彩装饰还要遵循对比调和的原则。这是因为若没有对比,会显得单调;没有调和,又会显得混乱。因此,室内的色彩还应遵循"大面积调和,小面积对比"这一原则。

(2)材质处理。

由于不同的材质有不同的粗细、纹理和坚柔对比与变化,这就要求在进行空间界面的处理时要依据空间界面的不同功能要求,选择适当的装饰材料。

二、室外空间

室外环境是相对于室内环境而言的,主要指的是建筑的外部环境,是建筑周围和建筑与建筑之间的环境,是以建筑构筑空间的方式从人的周围环境中进一步界定而形成空间意义上的环境,与建筑室内环境同是人类最基本的生存活动环境。室外空间环境包括自然环境和人文环境。

(一)自然环境分析

自然环境主要包括地貌、地形、土壤、位置、植被等自然条件,它制约着外环境设计的结构布局及构筑方式。地形、地貌、

第六章 环境艺术设计造型的空间组织

水体和植被对设计影响极大,作为有形的要素它们直接参与到室外环境设计中来,影响着空间环境的整体布局、外观形式和艺术氛围。

地形起伏的地块层次丰富多变,而平坦开阔的地块气势恢宏。一般来说,坡度小于 4% 的场地可以近似看成是平地;坡度在 10% 之内对行车和步行都不妨碍;坡度大于 10%,人步行时会感到吃力,需要改造并设置台阶。起伏较大的地形要结合其特征合理地设置台阶、平台以增加空间的层次感和趣味性,使外环境显得更有特色。

不同地形其通风、排水的要求也不同。如果在用地中有自然水体濒临或穿过,可以加以改造利用,使其成为环境中的一部分。在用地内,如果有浓密的林带、植被存在,它们会成为设计中良好的外部环境要素,能够提供新鲜的空气、阻隔噪声、遮阳蔽日,给人以宁静、舒适的感受。

总之,在设计中要学会利用一切有利的自然因素,运用借景、对景、框景等手法,把自然的景观引入到小环境当中。但利用的同时,要避免对自然环境的破坏,以实现生态可持续发展的设计理念。

(二)人文环境分析

人文环境主要指的是对地域、社区文化背景和使用群体的生活习惯、风土人情等方面特征的把握。不同国家、不同地域、不同民族在室外环境艺术的处理上有很大差异,就是同一地区、同一民族在不同历史时期也各不相同。例如,在西方,从古希腊到古罗马,从哥特到文艺复兴,从巴洛克到古典主义,不同历史时期环境艺术的处理手法各不相同。因此,对这些因素的充分把握有利于与大的背景环境融合,形成具有历史积淀和地域特色的环境氛围。

此外,对室外环境的设计还要考虑到用地内已建的建筑、道路及各类设施及因素对环境的影响,特别是周围已经形成的特定环境。美国建筑师赖特在有机建筑理论中指出:建筑应该是从环境中自然生长出来的,建筑的外环境何尝不是如此。每一处新建的外环境能否成功,是否有生命力,关键在于它是否能成为周围大的建筑环境的有机组成部分。

(三)功能分析

任何一个室外环境设计均应具有一定的目的性和满足一定的功能要求,主要包括物质功能和精神功能两个方面。但由于环境的使用目的不同,地点、位置的差异,环境所体现的功能亦会有所侧重。例如,唐山纪念碑广场,是为了纪念唐山大地震而建的,设计体现出了唐山人民百折不挠的抗震精神和"一方有难,八方支援"的中国传统美德。整个广场给人以凝重、庄严的气氛,给人们的精神带来了一种寄托、启迪和鼓舞。在这个环境中,其精神属性远远大于物质属性。而像商业街的广场,一般主要作为购物、娱乐、休闲、餐饮的场所,则侧重于物质功能的体现。

图 6-23 唐山纪念碑广场

在确定了用地空间的功能性质后,下一步就涉及环境中具体的功能设置。首先,要确定空间中有哪些具体功能部分,然后

第六章 环境艺术设计造型的空间组织

根据不同功能部分的要求相应地设定其空间的大小、空间类型关系等；其次，在确定空间的大小时，不仅要满足使用功能的要求，还需要考虑其精神、文化功能以及与周围环境尺度上的和谐。不同使用功能大多对应着不同空间类型。例如，封闭的空间适于交谈、休息、读书；开敞的空间适于集会、表演、散步等。

(四)空间的组织、规划

综合以上的分析，我们需要把这些形态各异、大小不等的空间经过一定的脉络串联起来，形成一个有机整体。在这个环节中，要仔细推敲各功能空间的位置关系、空间形态、整体环境空间的结构以及外环境构成要素与空间的联系等方面的问题。

首先要把这些功能进行分类，明确各功能之间的关系。其次再根据功能之间的远近亲疏关系进行空间的功能、位置安排，需要注意的是，在组织各功能时，除了满足使用功能的合理性外，同时还要考虑其空间形态的组合效果以及整体空间组织结构的形式，以形成合理的空间规划，使环境整体而又丰富多变。最后，根据环境使用功能与装饰需求，设置相应的公共设施、绿化、水体、艺术景观等环境要素；同时，这些要素也对空间的组织起着重要的作用。在这个设计过程中要注意色彩、材质、图案、造型等与环境的搭配与协调关系，营造出人性的、富有特色的环境空间。

第七章 环境艺术设计的表现方法

技术性图纸与模型制作是表现任何环境工程设计不可缺少的部分,也是每个设计师必须要掌握的基本方法。为此,本章主要研究环境艺术设计的制图与环境艺术设计的模型。

第一节 环境艺术设计的制图

一、制图基础

(一)工具线条图

工具线条图是指使用绘图工具(丁字尺、圆规、三角板等)工整地绘制出来的图样。它又可分为铅笔线条图和墨线线条图两种,主要依据绘图工具的不同而区分。[1]

1. 线条的表达方式

线条的表达方式如图 7-1 所示。

---

[1] 工具线条图要求所作的线条粗细均匀、光滑整洁、交接清楚。因为这类图纸是以明确的线条描绘环境中物体的轮廓来表达设计意图的,所以严格的线条绘制是它的主要特征。图纸上不同粗细和不同类型的线条都代表一定的意义。

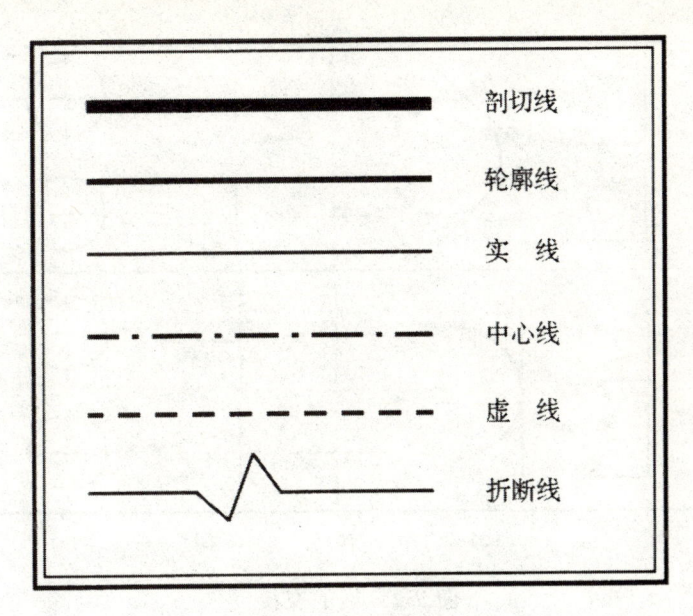

图 7-1　制图常用线

(1)剖切线。表示剖面图被剖切部分的轮廓线；图框线也用该线条表示。

(2)轮廓线。表示实物外形的边缘轮廓线。

(3)实线。线性最细，一般用于平面图、剖面图中的图例线、引线、表格的分界线。

(4)中心线。也称点划线，表示物体的中心位置或轴线位置(定位轴线)。

(5)虚线。表示实物被遮挡部分的轮廓线或辅助线。

(6)折断线。表示形体在图面上被断开的部分，多用于图中构件、墙身等的断开线。

2. 线条的交接

线条的交接如图 7-2 所示。

图 7-2　线的交接

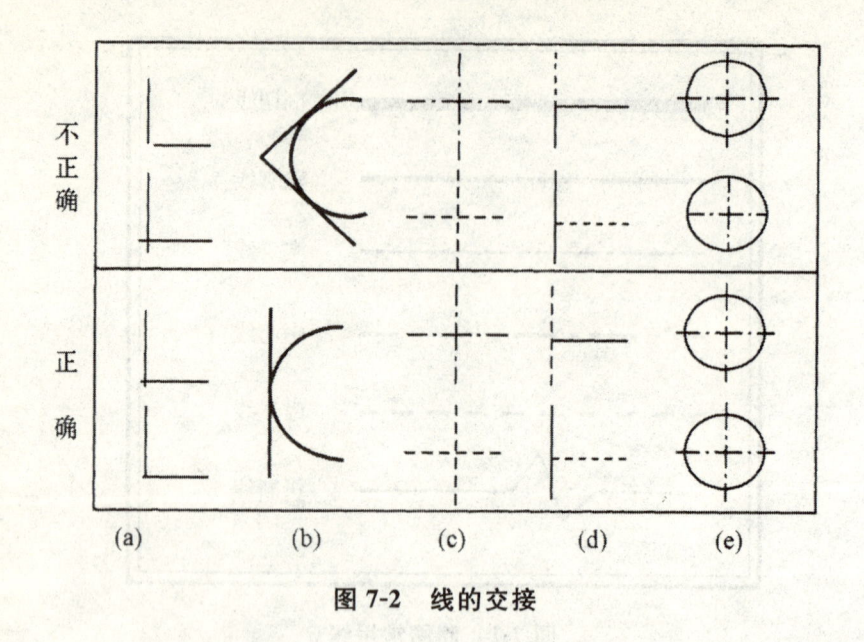

(1)两直线相交。

(2)两线相切处不应使线加粗。

(3)各种线样相交时交点处不应有空隙。

(4)实线与虚线相接。

(5)圆的中心线应出头,中心线与虚线圆的相交处不应有空隙。

线条的加深与加粗:铅笔线宜用 B~3B 较软的铅笔加深或加粗,然后用 HB 较硬的铅笔将线边修齐。墨线的加粗,可先画边线,再逐笔填实。如用一笔画出粗线,由于下水过多,线型势必会在起笔处显得肥大,纸面也容易起皱,如图 7-3 所示。①

---

① 除上述几点外,绘图时还应注意虚线、点划线或双点划线线段长度与间距应各自相等。虚线线段长为 4mm~6mm,间距为 0.5mm~1.5mm;点划线的线段长为 10mm~20mm,间距为 1mm~3mm。点划线线段的端点不应是点。所绘图线不应穿越文字、数字和符号,若不能避免时应将线条断开,保证文字、数字和符号的清晰。

图 7-3　线条的加粗

粗线与稿线的关系：稿线应为粗线的中心线，两稿线距离较近时，可沿稿线向外加粗，如图 7-4 所示。

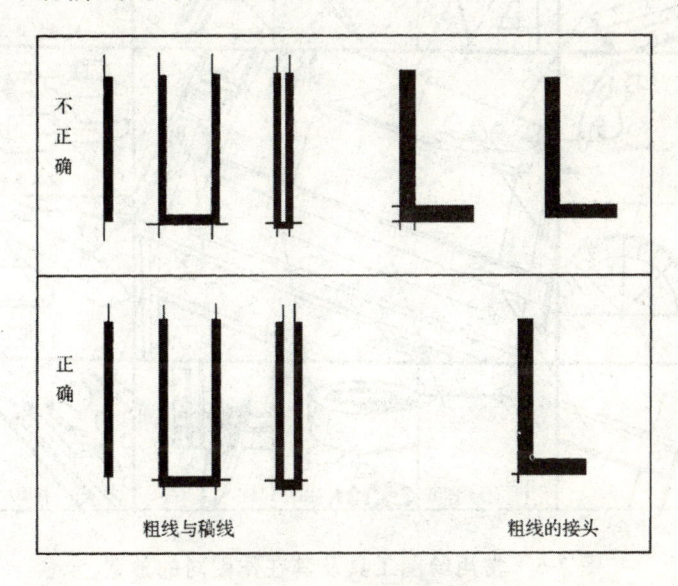

图 7-4　粗细线处理

3. 画线顺序

画线顺序主要有以下几步：

(1) 铅笔粗线易污染图面，因而铅笔画的稿线应轻而细。

(2) 先画细线，后画粗线。因为铅笔线容易被尺面磨落而弄脏图面，粗的墨线不易干燥，易被尺面涂开，先画细线不影响制图进度。

(3) 在各种线形相接时应先画圆线和曲线，再接直线，因为用直线去接圆或曲线容易使线条交接光滑。

(4) 先画上后画下，先画左后画右，这样不易弄脏图面。

(5) 画完线条后再标注尺寸与文字说明，最后写标题及画边框。

4. 制图工具

常用绘图工具如图 7-5 所示。

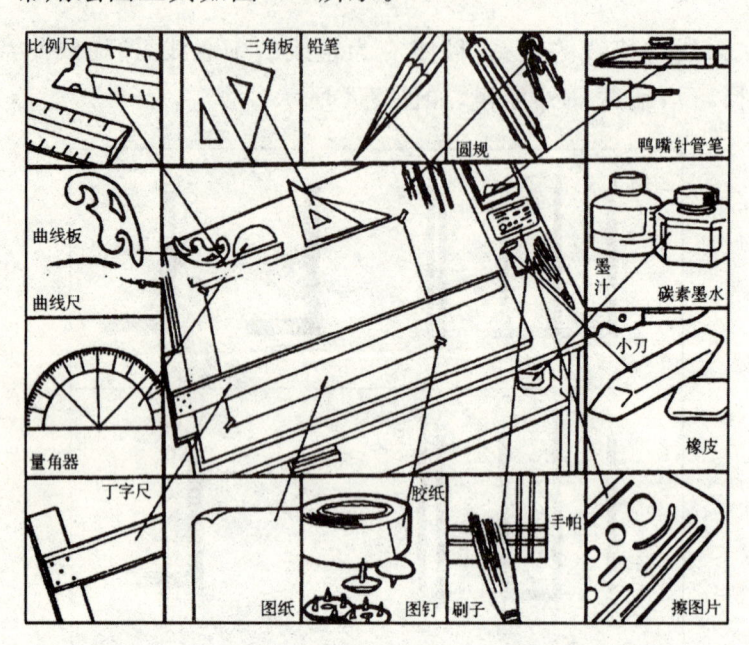

图 7-5　常用绘图工具及其在作图时的放置

5. 制图常规

(1)图纸幅面。

用于设计制图的图纸有两种,即普通绘图纸和描图纸(硫酸纸)。国家规范图纸的幅面尺寸如表 7-1 所示。

表 7-1　图纸幅面尺寸

幅面代号	B×L	a	c	e
A0	841×1189	25	10	20
A1	594×841	25	10	20
A2	420×594	25	10	10
A3	297×420	25	5	10
A4	210×297	25	5	10

第七章 环境艺术设计的表现方法

所有图纸的幅面,均是以整张纸对裁所得,如图 7-6 所示。[①]

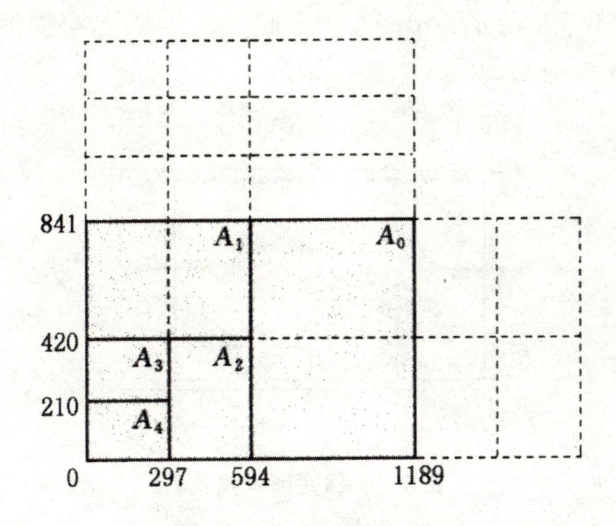

图 7-6　图纸的幅面名称

需要注意的是,某一种类图纸的应用应尽量避免大小图幅的掺杂混用。为了合理地利用幅面和便于图样管理,绘制图样时,应选用图 7-7 中规定的图纸幅面尺寸,必要时可以沿长边加长。

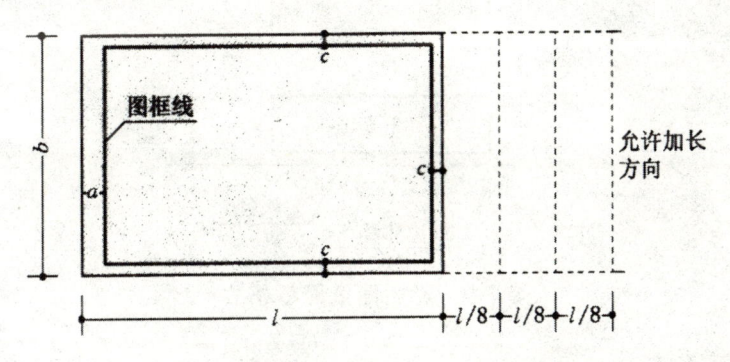

图 7-7　横式图纸幅面尺寸加长的方法

[①]　整张纸为 0 号图幅。1 号图幅是 0 号图幅的对裁,2 号图幅是 1 号图幅的对裁,其余类推。

还要注意的是，图纸的短边不能延长，但长边是可以的。如图 7-8 和图 7-9 所示，A0～A3 图纸宜横式使用，必要时也可立式使用。①

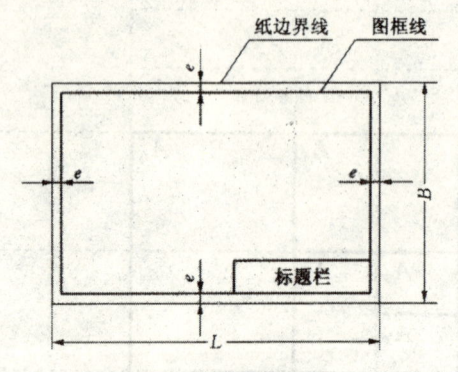

图 7-8　横式图框格式

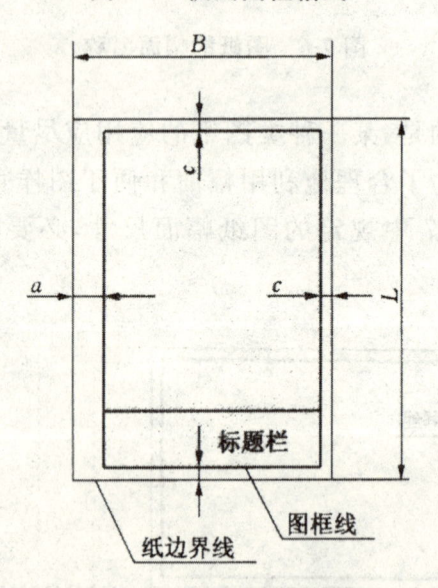

图 7-9　竖式图纸图框格式

---

①　以图纸的短边作垂直边称为横式，以短边作水平边称为立式。一张专业用图纸，不宜多于两种幅面（若图幅增加幅面），A0、A2、A4 幅面的加长量按 A0 幅面长边 1/8 的倍数增加；A1、A3 幅面的加长量按 A0 短边的 1/4 倍数增加。

第七章　环境艺术设计的表现方法

(2)标题栏。

环境设计工程专业用图纸,统一设有标题栏(简称图标),位置在图框右下角,格式由于图样作用不同而不同,用于注明工程名称、图号、图名、设计单位及设计人、比例、时间等,以便查阅图纸时,可从图纸目录中查阅到该图的工程图号,然后根据这个图号查对图标,就可以找到所需要的图纸。标题栏中各区的布置及尺寸如表 7-2 所示。

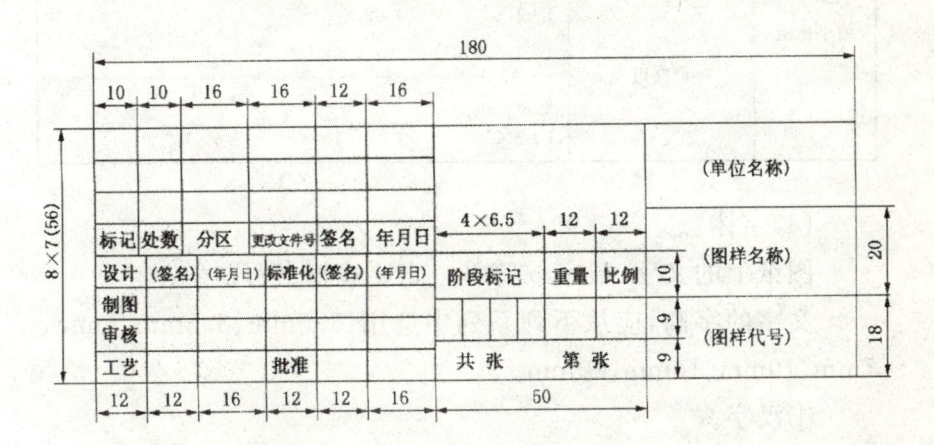

表 7-2　标题栏中各区的布置及尺寸

(3)比例。

环境设计工程图纸的比例是指实物与设计图的大小比,设计师利用恰当比例来表达展示实物的实际尺寸、放大尺寸和缩小尺寸。比例的数字一般标注在设计图纸名称的右侧。当整张图纸只用一种比例时,也可标注在标题栏内图名的下面。详图的比例应该标注在详图索引标志的右下角。

在设计时还可运用比例尺来帮助设计,比例尺是用来放大或缩小线段的长度尺子,比例尺上刻有 1∶10、1∶20、1∶50、1∶100 的尺度等。表 7-3 为图样比例表。例如,1m 长的展示道具,画成 1∶10 的图形,即图形为原长的 1/10(10cm)。

表 7-3　图样比例表

种类		比例		
原值比例	优先选用	1∶1		
放大比例	优先选用	5∶11 5×10ⁿ∶1	2∶1 2×10ⁿ∶1	1×10ⁿ∶1
	可选用	4∶1 4×10ⁿ∶1	2.5∶1 2.5×10ⁿ∶1	
缩小比例	优先选用	1∶2 1∶2×10ⁿ	1∶5 1∶5×10ⁿ	1∶10 1∶1×10ⁿ
	可选用	1∶1.5 1∶1.5×10ⁿ	1∶2.5 1∶2.5×10ⁿ	
		1∶3 1∶3×10ⁿ	1∶4 1∶4×10ⁿ	1∶6 1∶6×10ⁿ

（4）字体。

图纸上的文字、数字或符号一定要规格书写。

文字的字高,应从下列系列中选用:2.5mm、3.5mm、5mm、7mm、10mm、14mm、20mm。

①汉字。

汉字通常选用简体长仿宋体,其特点是横平竖直,注意起落,结构均匀,填满方格。

字高:字体高度(单位 mm)的公称尺寸系列为:1.8、2.5、3.5、5、7、10、14、20 等 8 种。字体高度称为字体的号数。字母及数字分 A 型和 B 型,在同一张图上只允许采用同一种形式的字体,A 型字体的笔画宽度(d)为字高(五)的 1/14,B 型字体的笔画宽度(d)为字高(九)的 1/10。

图样中一般汉字的高度不应小于 3.5mm。

图 7-10 给出了四种字号的长仿宋体汉字的示例。推荐用 H 或 HB 的铅笔,并将笔削尖后,书写成长仿宋体字,这样易于控制笔画的粗细。

第七章 环境艺术设计的表现方法

10号字　**字体工整　笔画清楚　间隔均匀　排列整齐**
7号字　横平竖直　注意起落　结构均匀　填满方格
5号字　技术制图　机械电子　汽车船舶　土木建筑
3.5号字　螺纹齿轮　航空工业　施工养水　采暖通风　矿山港口

图 7-10　长仿宋汉字的示例

②数字和字母。

数字和字母分 A 型和 B 型。A 型字体的笔画宽度为字高的 1/14，B 型字体的笔画宽度为字高的 1/10。[①]

(5)尺寸标注。

①常用尺寸标注。

常用尺寸标注如图 7-11 所示。

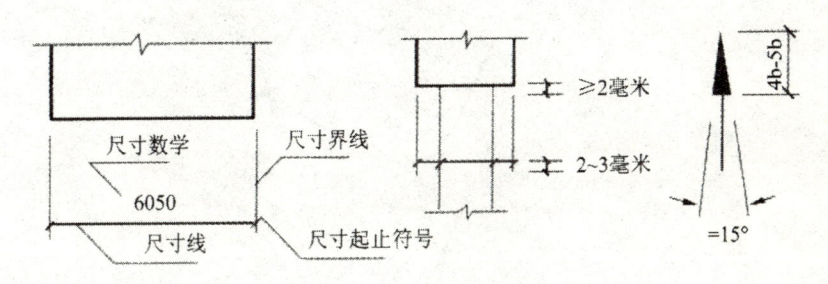

图 7-11　尺寸标注

图样上的尺寸标准以尺寸数字为参照物，不能从图上直接量取。[②] 尺寸数字的读数方向如图 7-12 所示。如果尺寸数字在 30°斜线区内，则应当按图 7-13 的形式注写。

---

①　在同一图样上，只允许采用一种型式的字体。数字和字母有 2 种：直体和斜体。一般采用斜体，斜体字字头向右倾斜，与水平基准成 75°。用作指数、分数、极限偏差等的数字及字母，一般采用小一号字体。

②　需要注意图样上的尺寸单位，除标高及总平面图以米为单位外，其余均必须以毫米为单位。

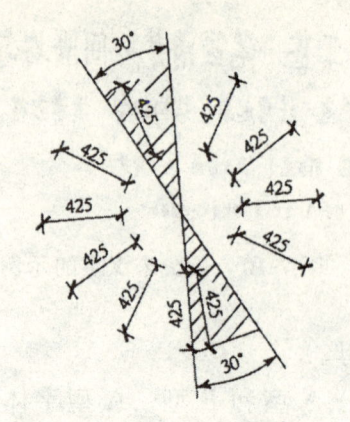

图 7-12　尺寸数字注写(1)

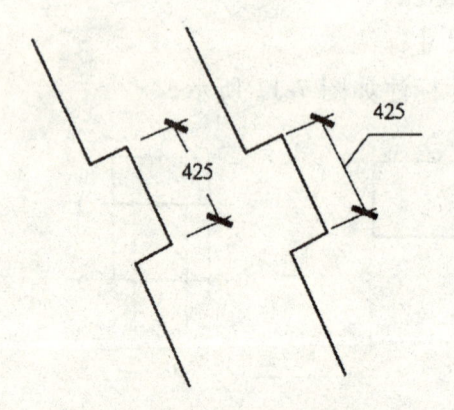

图 7-13　尺寸数字注写(2)

尺寸数字应根据其读数方向标注在靠近尺寸线的上方中部（图 7-14）。①

---

①　如没有足够的注写位置，最外边的尺寸数字可注写在尺寸界线的外侧，中间相邻的尺寸数字可以错开注写，也可以引出注写。

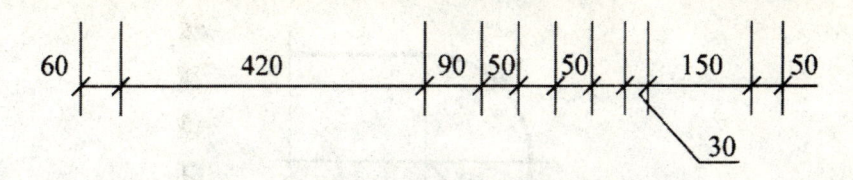

图 7-14 尺寸数字注写(3)

尺寸应尽量标注在图样轮廓线以外,最好不要和图线、文字及符号等相交(图 7-15)。

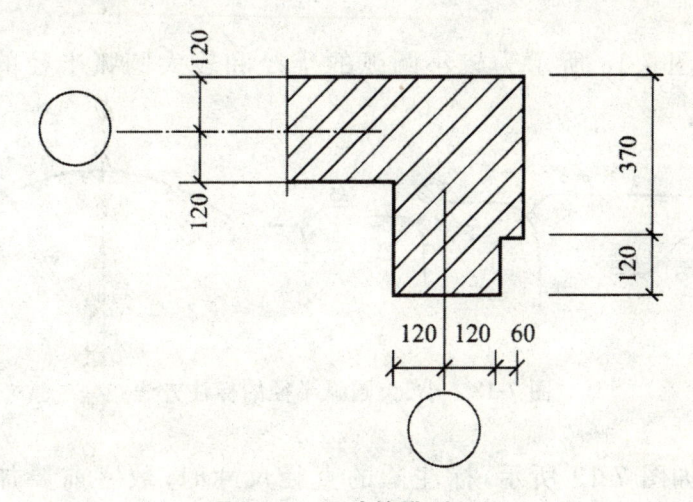

图 7-15 尺寸的排列(1)

图线不能穿过尺寸数字,若无法做到时,应将尺寸数字处的图线断开(图 7-16)。

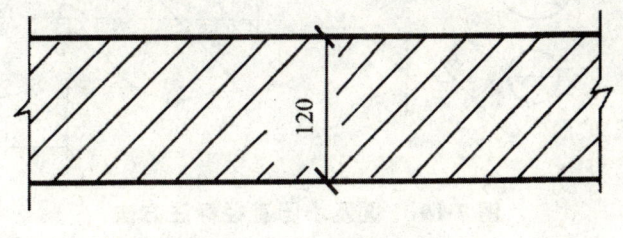

图 7-16 尺寸的排列(2)

如图 7-17 所示,半径的尺寸线,起始点标在圆心上,结束箭头指向圆弧线上。同时,还要注意半径数字前要加符号"R"。

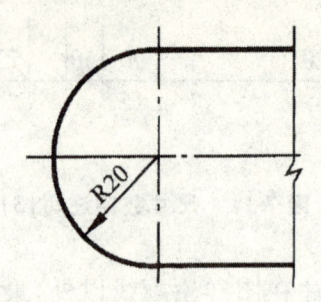

图 7-17　半径尺寸标注

图 7-18 所示为较小圆弧的半径和较大圆弧半径的标注形式。

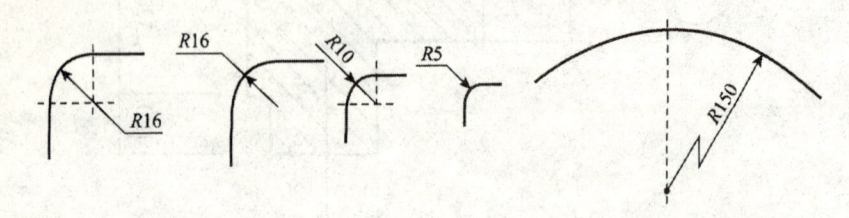

图 7-18　小、大圆弧半径的标注方法

如图 7-19 所示，标注圆的直径尺寸时，数字前要加符号"Φ"。①

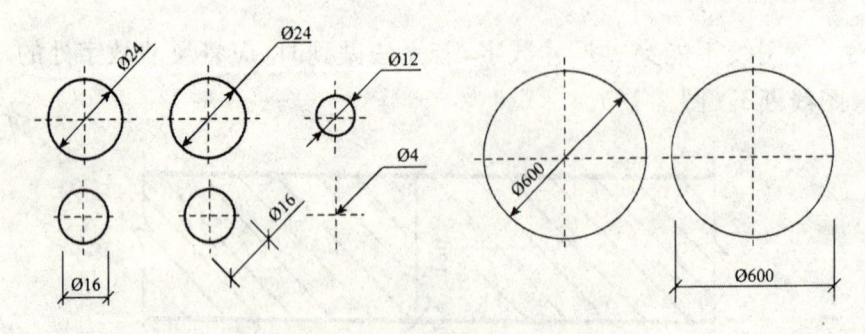

图 7-19　圆及小圆直径标注方法

---

① 在圆内标注的直径尺寸线应通过圆心，两端画箭头指至圆弧。较小圆的直径尺寸可标注在圆外。

第七章　环境艺术设计的表现方法

标注球的半径尺寸时，数字前要加符号"SR"。标注球的直径尺寸时，数字前要加符号"SΦ"。

②角度、坡度的标注。

如图 7-20 所示，角度的尺寸线通常选用圆弧线。① 箭头常用来表示角度的起止符号，如果位置不够可用圆点代替。角度数字应水平方向注写（图 7-20）。

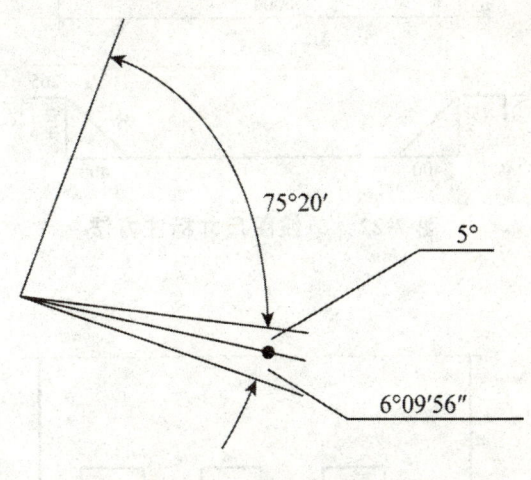

图 7-20　角度标注方法

如图 7-21 所示，标注坡度时用箭头加直线的形式。需要注意的是，箭头通常应指向下坡方向。

图 7-21　坡度标注方法

③尺寸的简化标注。

图 7-22 所示为尺寸的简化标注。② 如图 7-23 所示，如遇到

---

① 该圆弧的圆心应是该角的顶点，角的两个边为尺寸界线。
② 杆件或管线的长度，在单线图（桁架简图、钢筋简图、管线图等）上，可直接将尺寸数字沿杆件或管线的一侧注写。

连续排列的等长尺寸,可用"个数×等长尺寸=总长"的形式标注。

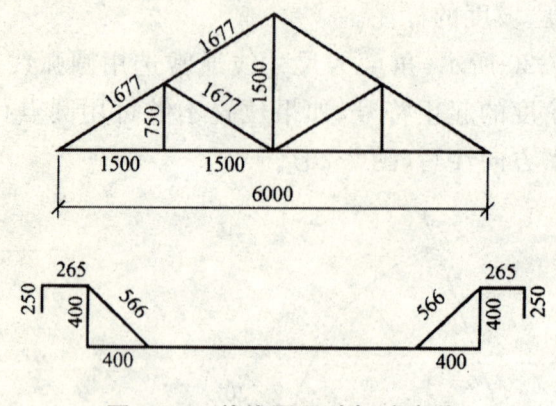

图 7-22　单线图尺寸标注方法

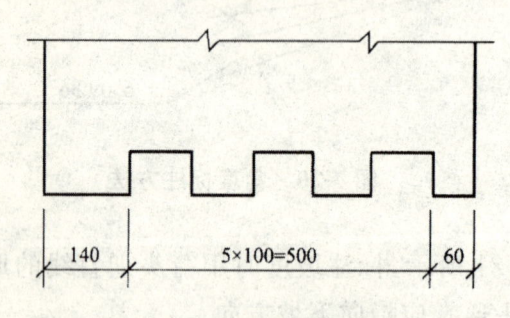

图 7-23　等长尺寸简化标注方法

(6)剖面符号。

剖面图中所有带有斜线剖面符号的斜线必须与水平线成 45°,方向左右均可。剖切符号以 1b~1.5b 的短粗实线画出,并标注字母和剖视图的名称,如图 7-24 所示。

第七章 环境艺术设计的表现方法

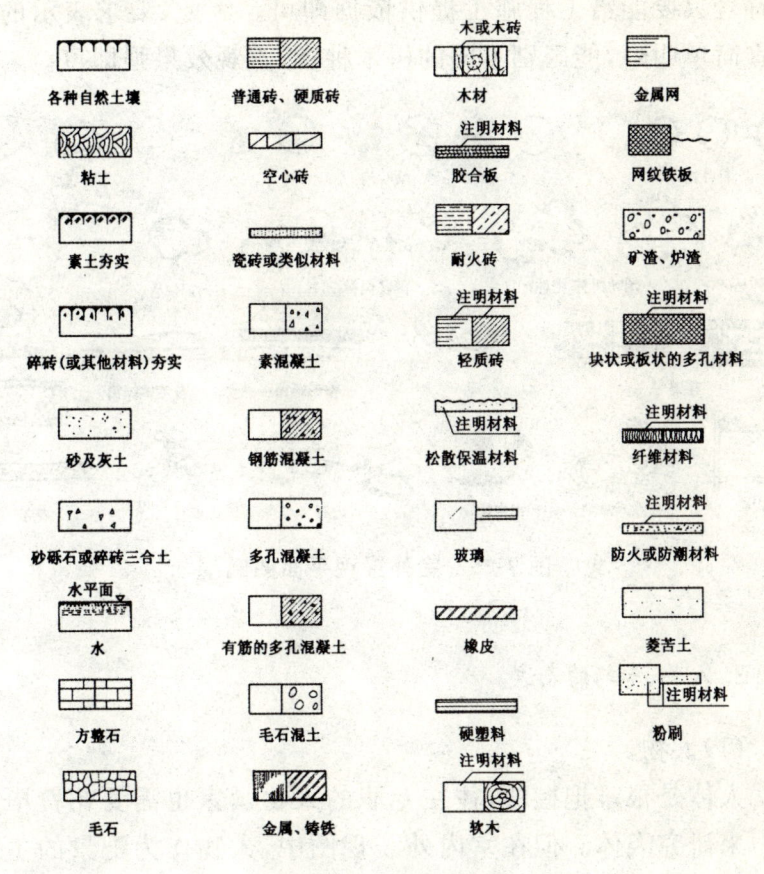

各种自然土壤	普通砖、硬质砖	木材（木或木砖）	金属网
粘土	空心砖	胶合板（注明材料）	网纹铁板
素土夯实	瓷砖或类似材料	耐火砖	矿渣、炉渣
碎砖（或其他材料）夯实	素混凝土	轻质砖（注明材料）	块状或板状的多孔材料（注明材料）
砂及灰土	钢筋混凝土	松散保温材料（注明材料）	纤维材料（注明材料）
砂砾石或碎砖三合土	多孔混凝土	玻璃	防火或防潮材料（注明材料）
水（水平面）	有筋的多孔混凝土	橡皮	菱苦土
方整石	毛石混土	硬塑料	粉刷（注明材料）
毛石	金属、铸铁	软木（注明材料）	

图 7-24　剖面符号

(二)平、立、面的配景要素表达

1. 植物的图例表达

树木在平面图中以有一定线条变化的圆圈作为符号来表示，象征着树冠线。符号可简可繁，最简单的可以是一个象征性的圆圈，最繁杂的可以是树木、树枝和树的形态相互缠绕、交织成的图形，一般常用的是由变化线条画出的圆圈来表示，以达到区别树木种类的效果，如图 7-25 所示。在方案设计图中，树冠线符号只要能给工程施工提供依据即可。因此,要求表示的符号宜简单明晰,能区别不同的树木种类,直观效果强即可。

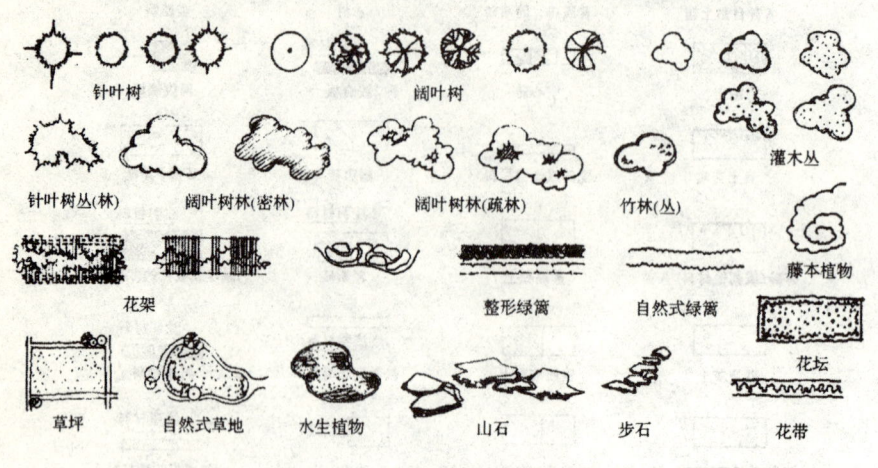

图 7-25　室外景观平面图例

2. 人物、车辆的表达

(1)人物。

人体是很难把握的,往往专职的人物画家也需要花费毕生精力来研究人体。但在室内外表现图中,人物作为配景的主要作用,在于表达场地的尺度和环境气氛。因此,对设计师而言,重要的是抓住人体大的动势特点以及人群在画面构图中的聚散关系。在学习方法上,主要是掌握中景人的画法。以此为基础,进一步学习如何对中景人稍加刻画细部而成为近景人,略为概括而成为远景人的表现方法。

在画人体的结构、形态时,可将人体理解为若干体块的组合。人体的各部分之间存在着一定的比例关系,掌握好这个比例关系,是画好人物的关键。一般表现在图中的配景人物,最常见的形态是站立或行走。基本站姿的人物画法有正面、侧面、背面三种。行走姿态人物画法在站姿人物画法的基础上,调整一下手和腿的动态即可。对远景人而言,一般取站姿,用笔上宜简练一些；而近景人，则注意刻画一下人物衣饰；至于较近的能分清容貌的前景人，应根据画面需要来确定，如图 7-26 所示。

图 7-26 人物的画法

(2) 车辆、天空。

作为工业产品，"车"的造型始终随时代的发展而产生不同的变化，但从功能结构和体量关系上看，至今基本保持着相对的稳定性。画车辆时，应注意现代车型设计的两个特点：一为流线型，二为水滴型。流线型使车的外轮廓线呈圆弧状，水滴型使车在整体上表现为前低后高，车窗稍向前倾斜。总之，画车时应该把握大的形体关系，再按车型不同对车身的倾斜关系作局部的调整。

另外，其他的配景还包括地面、水面、花絮、路灯、喷泉、雕塑、远山、建筑小品等内容，只要平时细心观察、多加练习，就能画出美好的配景。

二、透视表现法

(一) 透视概述

1. 透视的定义

透视（perspective）即"透而视之"，指透过一层透明的平面看物体。透视在绘画中的运用非常丰富,从一维、二维到三维,艺术家一直在创造新的视觉观看模式。例如写生时用手作为取景框或隔着车窗看风景时,影映在透明平面上的物体形象即透视图。对于形体及空间表现来讲,深刻理解透视具有重要意义(图 7-27)。

图 7-27　透视图表现

透视的构成因素主要有以下几种:"眼",它是视的器官,即观察事物的主观因素"物",它是视的对象,即所要表现物体的客观依据;"画面",指介于眼和物体之间的透视画面,是眼在一定位置去观察物体形成的特定透视形体被固定下的场所。

2. 透视的基本表现方法

透视的表现方法主要体现在以下几个方面:

近大远小(近高远低、近疏远密)。大小相同的物体,距离近者看起来较大,距离远的看起来较小,包括体、面、线的厚薄、宽窄、长短、粗细。

垂直大平行小。同等大小的平面或等长的直线,与视线接近垂直看起来较大,与视线接近平行看起来则较小。

近清楚远模糊。近处物体投射到视网膜上的影像大,受物体反射光的刺激也大,看起来更清楚。反之则刺激的细胞少,只能看见较模糊的形体。

平行直线趋于"消失"。现实中平行直线会"消失"于远处的一点，其消失点即为灭点。

3. 透视的基本术语

透视的基本术语主要有以下几点：

透视图。以人眼为投影中心，空间形体在画面上的中心投影图。

基面。放置物体及人站立的平面，常为水平面或地平面。

画面。透视图所在的平面，一点、两点透视画面垂直于基面，三点透视倾斜于基面。

视点。人眼所在的位置，即投影中心。

站点。视点的水平投影，即人站的位置。

基线。基面与画面的交线。

视平线。过视点的水平面与画面的交线，与基线平行。

视高。视点到基面的距离。

视距。视点到画面的距离。

视线。视点与物体上任意一点的连线，与画面的交点即为该点的透视。

中视线。自瞳孔发出，内端源于视网膜的中心窝上的视线。

心点。视点在画面上的正投影。

灭点。极远部分落在透明平面上的透视点。

(二)透视的分类

透视图是以施工图、空间透视原理和绘画技巧为依托，在二维平面上设计、表达出事物形象的三维体量及空间环境关系，以人的视平线高度为基准的三维视觉效果图。图面出现的效果与平常人所观察到的景物角度较为相似，有一定的亲切感。

1. 一点透视

一点透视又称平行透视,它是指当画面垂直于基面,且画面与物体的一个面平行时所形成的透视图,只有一个灭点。以正方体为例,不管呈何种位置,平行透视中只存在一个消失点——主点(图7-28)。

图 7-28 一点透视效果图

一点透视图的特点:作图简单,适合表现物体的正面或侧面,严肃庄重,较容易表现。但画面较平板、单调、不够生动。

2. 两点透视图

两点透视又称成角透视,它是指当画面垂直于基面,且画面与物体的两个立面均倾斜成一定角度所形成的透视图。两点透视有两个灭点,且两个灭点都在视平线上,如图7-29所示。

第七章　环境艺术设计的表现方法

图 7-29　两点透视效果图

两点透视效果图的特点为：较符合人的观察习惯，立体感较强，自由活泼，有动感，形体丰富，但容易画变形，表现难度较大。

3. 三点透视图

鸟瞰图和仰视图都属于三点透视。画面倾斜于基面的二点透视所形成的透视图称之为"三点透视"或"倾斜透视"。三点透视的画面上有三个灭点。三点透视图的特点为更有立体感，常用于体现建筑的高大壮观（仰视）或展现大范围景观。

鸟瞰图是在总平面图或平面图基础上，从设定的空间高度上面，选择一定的角度俯视设计物以及空间环境所得到的视觉画面（图 7-30）。鸟瞰图即俯视图，它用来表现设计物在大环境中的整体布局、地理特点、空间层次、结构关系等一系列具体的特定设计，它是表现环境艺术设计整体关系的效果图。仰视图是在总平面图或平面图基础上，从设定的视平线上定好视点，选择一定的角度仰视设计物以及空间环境所得到的视觉画面，适合于表达高耸的视觉效果（图 7-31）。

图 7-30 鸟瞰图

图 7-31 仰视效果图

4. 轴测图

一种区别于一般透视规律、可以创造三维空间的独特的轴测投影画法,也可反映环境艺术设计的整体关系。轴测图与鸟瞰图相比具有绘制便捷的优点,但容易失真,视觉效果欠佳(图 7-32)。

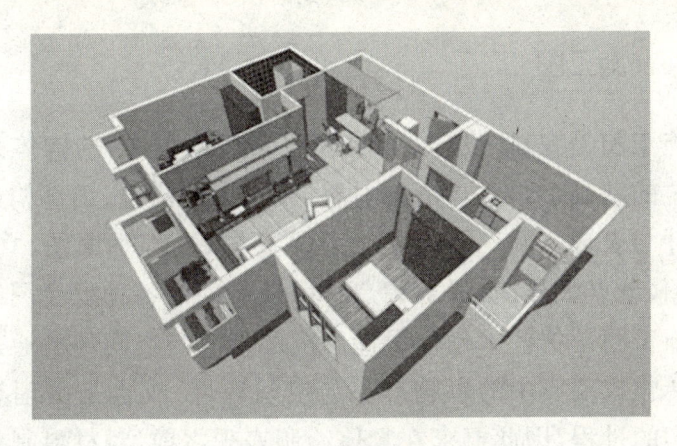

图 7-32　轴测图

三、常用的表现图法

（一）三视图

三视图分为正视图、侧视图和俯视图。三视图是绘画表达方法由感性走向理性，并由徒手绘画转向尺规绘图（或电脑绘图）的重要方法。三视图是从不同方向来看物体的三个正投影图，以严格精确的尺度为依据，以遵守制图规范等为原则。因此，三视图是从艺术构思表达走向施工规范的思维表达，是将设计构思付诸工程实际的图面语言表达。

无论是草图还是效果图都是方案阶段的表达方式，要进一步深化设计并将方案转化为直接指导施工的图纸，就需要设计师具备绘制施工图的能力。准确地说，施工图绘制是从项目的初期一直延续到项目施工完成的技术性工作。如果说设计草图或效果图可以带有一定的艺术性，其线条、笔触、构图、色调可以在一定程度上反映设计师的绘画功底和艺术修养，那么施工图则强调准确性和规范性。从图幅尺寸、版式、线条类型到标注方式、图例符号等都必须严格遵守制图规范，不能随意发挥和臆造。

(二)施工图

施工图是在对"设计物"的造型或整体布局、结构体系等大体定位的基础上再重点考虑材料、技术工艺措施、细部构造的详细设计与表现。施工图应包括总平面图、局部平面图、立面图、剖面图、节点大样图、局部构造详图及有关的各种配套图纸和说明。施工图是把艺术创作设计形成的形象与空间环境通过技术手段转化成现实中的事物形象与空间环境,故也是由理想转化为现实的过程,因此要求在具体绘制表现之前,对材料制作工艺及内在结构关系均须进行分析、研究、计算,设计人员必须考虑具体施工过程中的技术、工期、造价、安全等一系列问题。要求施工图正确无误,以便能将设计最终顺利地变成现实,并避免发生事故,造成不应有的损失。环境艺术设计、建筑设计、公共艺术设计等设计专业都是通过工程图的表达方法,将艺术设计由构思转为实际项目,并最终实现的。

目前,施工图基本都是用CAD、天正等电脑软件来绘制。施工图(图7-33)在设计表达中的重要作用体现为:建筑工人将严格按照设计人员所绘制的施工图纸来进行施工。因此,工程每一个细节的位置、尺寸、颜色、材料、施工工艺都要在施工图上绘制出来。

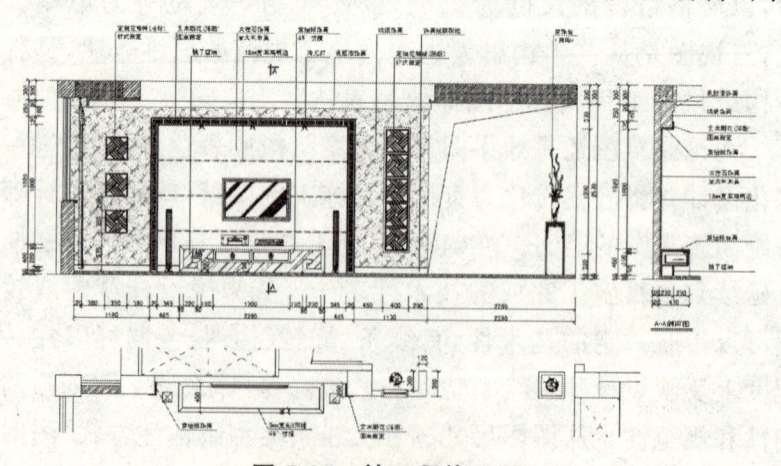

图 7-33 某工程施工图

第七章　环境艺术设计的表现方法

细部详细图设计是在具体施工做法上解决设计细部与整体比例、尺度、风格上的关系。如建筑物的细部、景观设施及植栽设计大样等。环境艺术设计，本身就是环境的深化、细化设计。作品往往因细部设计而精彩，也常因注重人情味的细部设计而具有亲和力。

施工图与细部详图设计的着眼点不仅应体现设计方案的整体意图，还要考虑方便施工、节省投资，使用最简单高效的施工方法、较短的施工时间、最少的投资取得最好的建造效果。因此，设计者必须熟悉各种材料的性能与价格、施工方法以及各种成品的型号、规格、尺寸、安装要求。施工图与细部详图必须做到明晰、周密、无误。

在这一阶段，因技术问题而引起设计变动或错误，应及时补充变更图或纠正错误。

(三)效果图

效果图就是设计者将设计意图和构思进行形象化的再现。效果图的表现工具、手法很多。依据所用的工具不同可分为手绘效果图和电脑效果图。电脑效果图就是通过 3D、Photoshop 等软件做一些相关的环境模拟图。手绘效果图是利用透视的原理借助多种表现工具(如彩色铅笔、马克笔、喷枪等)在图纸上进行创作，来展现设计的预期环境效果。目前，也有一部分设计师尝试将电脑与手绘相结合，用相关软件在手绘的透视图上进行着色或渲染，也取得了较好的效果。

1. 手绘效果图

(1)手绘效果图的特点。

在初步方案完成之后，为了能更加清晰地表达出设计的主要内容和关键点，设计师往往需要绘制相对详细的手绘效果图。手绘效果图的作用之一在于帮助设计师更清晰地认识空间，发现空间设计中的不足，发现设计中的比例与尺度中所存在的问题，以便于进行深化设计和必要的修改;同时,还有助于设计团队之间更好地沟通设计方案中的问题和不足。手绘效果图的作用还在于大多数业主都没有相关专业背景,很难通过阅读平面图、立面图等专业性较强的图纸想象出空间的形象,而手绘效果图则能较为直观地、形象地反映出空间的特点和设计的意向,帮助业主理解设计师的意图,进一步促进两者之间的沟通。手绘效果图的优点在于工具简单、绘制迅速、易于携带,能够将设计的方案直观地表达出来,但线条、颜料、马克笔等工具绘制的效果图缺乏真实性是其缺点,对于非专业人士来说,还是不容易准确把握未来空间的真实形式。手绘效果图的表现方法也很多,可以利用铅笔、针管笔、马克笔、彩色铅笔、水彩、水粉、透明水彩、色粉等诸多材料来表现。在表现方法上可根据不同的表达目的突出重点。比如,可以侧重表达环境空间或表现色彩的对比关系,还可以侧重渲染整体气氛或强调某个独具特色的结构创意。手绘效果图是环境艺术设计专业的重要专业技能,其技术的熟练程度和表现能力将直接影响到设计者能否顺利地使用"图纸"的语言表达出自己的设计意图或直接决定工程项目的成败,如图 7-34 所示。

图 7-34 手绘效果图

第七章 环境艺术设计的表现方法

(2)手绘效果图的表现方法。

手绘效果图比纯绘画更具有专业性,其表现方法主要有以下几种:

①普通铅笔的表现方法。

这里的普通铅笔是指普通黑铅笔和炭笔。铅笔表现手法是所有绘画方法中最基本的手段之一。虽然铅笔表达只有黑白灰的明暗对比关系,但其表现力较强。

一般人都能较好地控制铅笔,但是要较好地发挥它的特点并不容易。这是因为不同类型的铅笔,其表达效果也不相同,用笔时力道的变化需要多加练习,细心揣摩。

一般绘图铅笔有软硬度之分,即 6H～6B 各种型号。① 设计师可以根据铅笔的软硬程度和运笔的力度画出深浅不一和宽窄各异的线条。例如用来打底稿、勾勒草图与轮廓的图纸,通常选择 2H、H 或 HB 硬度的绘图铅笔;表现暗部或有灰度的区域效果的图纸,通常选择 2B—4B 硬度的铅笔;图中较重部分的表现则选用 5B 和 6B 硬度的铅笔。

各种笔触、效果的协调配合,在快速设计中有力地表现出设计作品的单纯、朴实之美。例如图 7-35 所示为铅笔表现的效果图,其用笔粗狂,对比鲜明,且空间感强。

②彩色铅笔的表现方法。

彩色铅笔表现法是手绘中更为流行的快速表现工具之一,这是因为彩色铅笔既具有普通铅笔所具有的特性,又具有丰富的色彩表现力,可以充分表现各种性格的线条。

彩色铅笔的效果细腻柔和,具有使用简单、携带方便和容易掌握的特点。彩色铅笔通过涂抹施色表现色调变化,可以较容易地将画面丰富的黑白灰关系区分开来。大多数情况下,彩色铅笔表现多用于一些概念性草图,或者勾画一些意境示意图和写生稿。

---

① 其中,H 表示铅笔的硬度,数字越大硬度越高;B 表示铅笔的软度,数字越大表示软度越高。

图 7-35　铅笔绘制的效果图

彩色铅笔可以非常细腻地表现各种场景效果，画面虚实过渡自然，可以快速画出光感及色调变化，能较理想地突出设计主题和渲染氛围，对于初学者来说，是一种易于控制的理想表现工具。图 7-36 为采用彩色铅笔表现的建筑效果图。

图 7-36　彩色铅笔效果图

第七章　环境艺术设计的表现方法

干性彩色铅笔和水溶性彩色铅笔是两种主要的彩色铅笔，其中水溶性彩色铅笔可以用毛笔蘸水来进行晕染，以达到类似铅笔淡彩的效果。

彩色铅笔表现技法的规律和技巧主要体现在以下几个方面：

第一，先用铅笔在纸上画出透视草图，并注意构图与配景的布置。

第二，用彩色铅笔在画出的透视草图上进行大面积的上色，根据由大面积到小面积、由浅色块到重色块过渡的原则，由左到右地逐一施色。

第三，利用彩色铅笔的笔尖对画面的光影、明暗进行深度刻画。根据需要也可结合水彩、马克笔等工具一起表现，注意画面中的色彩呼应与协调。

需要注意的是，在线稿的基础上，可以用黑色块把空间的明暗表现出来，然后上色，这样表现的效果比较结实，对比强烈。另外，选用彩色铅笔上色时，颜色不要一次画够，这样容易产生颜色倾向。没有的颜色可以调出来，把颜色画得稀疏一点，然后两种或者几种颜色交叉使用，产生空间混合。选用表面光滑的纸张以便表现细腻且富有变化的艺术效果。

③钢笔的表现方法。

钢笔是所有手绘表现中运用最广泛的一种工具，绘图的范围也扩展到了美工笔、针管笔、签字笔等绘制工具，使用的方式也分为徒手和借助尺规两种。用钢笔表现展示效果图主要偏重于线描。另外，钢笔不同于铅笔可以有轻重变化，它是通过单色线条的曲直变化以及由线条的疏密组成的黑白色调来表现物体。①

---

① 用钢笔表现环境艺术设计的方法有线描法、影调法和综合法，常常与水彩、马克笔和彩色铅笔结合使用。线描法的特点是以简洁、明确的线条勾勒展示形象的基本结构形态，不需要复杂华丽的修饰和烘托。

影调法是通过刻画物体的明暗关系,强调其体积感和空间感的一种画图方法,类似西方的素描。综合法是取前两种画法之长处,用单线勾画基本的形体结构,再适当加以排线表示阴影来刻画对象的立体感(图7-37)。

图 7-37　钢笔淡彩效果图

此外,钢笔也可以加淡彩和单色,概括性强,画起来速度快而简便,细部刻画和画面的转折都能做到精细准确,有一种特殊的严谨气氛。

钢笔淡彩是用钢笔和水彩相结合进行绘画的一种画法。它能借助钢笔构架轮廓、塑造结构,减少色彩塑造要求,简化色彩铺设层次。钢笔淡彩插画即可用极具个性的硬朗线条与善于表现朦胧诗意的淡薄色彩搭配,虽然在形式上两者相互冲突,但在视觉上两者又相互补充,因此呈现出别样的视觉风情。例如图7-38为钢笔淡彩法描绘的外景设计。

钢笔淡彩画法的基本画法是用钢笔画造型,用色彩渲染气氛,具体绘制方法有两种:一种是先用钢笔精心塑造主要形体,勾出大轮廓,再用水彩或水溶性彩色铅笔涂色;另一种是先在纸张上涂一层淡淡的水彩颜色,再用钢笔勾勒线条或在上面直接排线。无论采用哪种方法,涂色都要做到薄而透明。

第七章 环境艺术设计的表现方法

图 7-38 钢笔淡彩——外景观设计

钢笔淡彩渲染法的上色原则一般来说是先浅后深、先远后近，需要多次染色才能达到预定的效果。在表现暗部层次时也需要多次上色，因此要掌握好渲染的技巧。淡彩的表现特点是淡雅、明快。

钢笔淡彩表现步骤如下：

第一，铅笔起稿。合理取景与构图，注意比例及透视的准确、结构及明暗关系的清晰。然后用钢笔勾勒线条并进行具体深入的刻画。

第二，水彩上色。注意色彩关系与整体色调，水分把握适当，运笔无误。

第三，画面调整。细节深入，注重整体和谐，可适当进行个性化的风格表现。

④马克笔的表现方法。

马克笔可以直接使用，其方便、快捷的特性，使其在设计领域运用广泛，广受欢迎。马克笔的笔头用羊毛或其他纤维制成，笔头形状的大小、软硬不同，所画出的线条笔触也不同。用马克笔画的插画能产生洒脱、随意的笔触效果。它具有色彩丰富、透明度高、着色方便、易干、易携带等优点，纸张的选用比较随意，马克笔专用纸、硫酸纸、白卡纸、复印纸等都可以用来作画,不同的纸张着色后会生成不同的明暗及光影效果。

马克笔的种类比较多,大致可以分为水性和油性两种,水性马克笔的色彩透明,纯度较高,具有速干性,但是没有覆盖力;油性马克笔的色彩则可防水,且色彩纯度高,具有一定程度的覆盖力,因此在绘制展示绘画时,要根据实际情况选择适合的笔型。如果在绘制中采用多种工具进行混合绘制,则能呈现出非同一般的、独特的视觉效果。[①]

需要注意的是,马克笔上色规律是颜色由浅至深,面积由大到小。表现笔触要有规律地排列,注重边角处理,利用笔头多角度的特性画出粗细不同的线条;线条的排列有时可大胆留白,给人以想象的空间。每一支马克笔颜色都是固定的,因此要熟悉每一支马克笔的名称及其色彩特性,上色时方能得心应手,才可以表现出想要的效果(图7-39)。

图7-39 马克笔表现的环境外景

---

① 马克笔绘图需要的颜色往往几十种即可,没有的颜色可以用空间混合的办法把颜色画得稀疏一点然后经过两次或多次覆盖画出多种可能的颜色。但是,这种调色法可控性较差,覆盖过多容易产生脏颜色,关键在于控制"度"。

第七章　环境艺术设计的表现方法

运用马克笔进行表现,要注意以下步骤和技巧:

第一,先用铅笔勾画透视草图,再用钢笔将图中的造型、光影、明暗初步表现出来,需等其干后再进行着色,以防止线条遇湿渗色。

第二,采用冷灰色或暖灰色将图中的明暗色调画出。可先从大面积入手,逐渐向小面积过渡着色。绘制前可先用自己现有的马克笔在白纸上绘出一张色谱,以便着色时作为色标参考。

第三,细部刻画。马克笔的覆盖性不强,浅色无法覆盖深色,上色过程应遵循从浅颜色到深颜色的着色顺序。[1]

第四,表现时,要注意画面冷暖的对比变化,笔触大多以排线为主,所以有规律地组织线条的方向和疏密,有利于形成统一的画面风格。排笔、点笔、跳笔、晕化、留白等方法均可灵活使用。

第五,调整阶段,注意色彩之间的相互协调,忌用过于鲜亮的颜色,以用中性色调为宜。

第六,纯粹地使用马克笔进行表现,难免会有不足,必要时可结合彩色铅笔和水彩进行辅助表现。

⑤水彩的表现方法。

水彩画的主要特点在于色彩透明、鲜艳,可利用水分的多少调节、控制色彩的变化,并且可以重复覆盖。水彩颜色具有透明的特性,可使各个层次的颜色都会发挥作用。

水粉画是指用水调和含胶质的粉质颜料制作的色彩画,它没有水彩画透明。水粉颜料色泽明快、易干,色调或透明滋润,或深沉凝重,其纷繁的技巧变化以及可遇不可求的偶然效果,及着色明快、灵动的独特艺术魅力,受到广大设计师的青睐(图 7-40)。

---

[1] 运笔过程中,用笔的次数不宜过多,在第一遍颜色干透后,再进行第二遍着色,而且要准确、快速,否则会使底色渗出造成浑浊状,失去马克笔透明、干净的特点。

图 7-40 水彩景观效果图

手绘水彩效果图主要有两种方式：一种是先用铅笔勾画出浅浅的草稿,后用水彩晕染；另一种是先用钢笔勾画出基本的轮廓、光影明暗,再用水彩进行表现。

水彩表现的具体作画步骤和技法可参考以下几点：

第一,在水彩纸上用铅笔或钢笔勾画出透视草图,注意构图与配景的布置。在选用钢笔时,由于水性墨水遇水容易变浑,所以多用油性的针管笔勾画出画面的内容（结构、轮廓、光影等）。

第二,用大号的毛笔从大面积入手,由浅至深进行渲染,颜色不宜过重,保持色彩均匀。

第三,画板上方可以抬高 10cm,便于颜料向下自然流淌。所调的颜色要稀淡一些,宁愿多施几遍色,也不要用厚厚的颜色进行平涂,以防止画面出现闷、乱、脏的现象。

第四,最后用黑色或较重的颜色进行效果强化和细节刻画。

⑥水粉的表现方法。

水粉画是指用水调和含胶质的粉质颜料制作的色彩画,它没有水彩画透明,但颜色更加鲜明。水粉画可以层层覆盖,色彩颗粒较大,具有一定的覆盖力和附着力,所以可以多次上色,便于修改。

水粉表现对纸张的要求没有水彩那么复杂,对快速设计的图纸选择具有更多的适应性。操作中一般采用先暗后明、先深后浅的顺序,但也可以倒过来。注意画面的层次和不同色块的厚、薄与干、湿变化。图 7-41 所示为以水粉为主的建筑效果图。

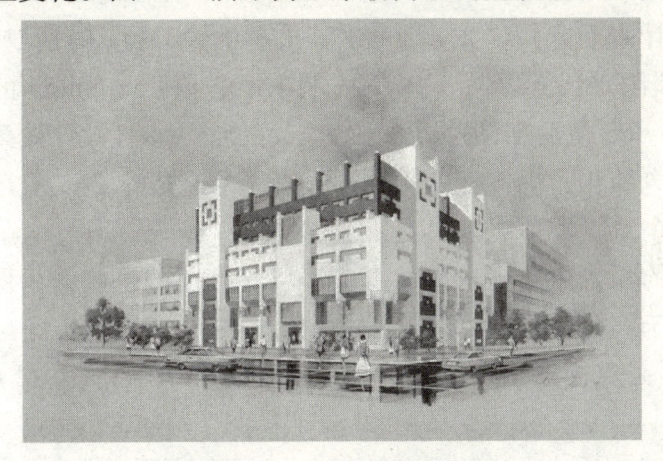

图 7-41 水粉建筑效果图

水粉画的基本技法主要有干画法、湿画法、平涂法。

第一,干画法。干画法的效果主要表现在笔触肯定、色块明确、形体结实、富有质感。在实际表现时,要尽量控制水分,若水分过多,则颜色难以保持其应有的饱和度和鲜明度,同时也会影响覆盖力,其底层颜色也容易渗化,从而使画面灰暗或"粉气"。

第二,湿画法。湿画法特别适于表现结构松散的物体和虚淡的背景,如江面、远山、天空、云彩等。利用湿画法作画时,应尽量一气呵成,避免反复修改,有时可对画面形成的偶然效果加以利用,以增强画面的生动性。另外,湿画法可以借助水的流动与相互渗透,产生意想不到的效果。然而,要获得这种效果,需要画者在作画前期根据需要局部或整体打湿纸面,颜料有时也需要加水稀释,以保持纸面湿润的时间,从而使色彩衔接自然。

第三,平涂法。平涂法指用色块平涂或勾线平涂作画并将色块或勾线进行排列的画法。其表现特点是色彩有力,带有版画、装饰画的韵味。这种表现手法常用来绘制装饰画,也可以培养色彩归纳的能力。

2. 电脑效果图

电脑效果图是当前环境艺术设计行业中运用最广泛、最流行的设计表现方式。先是1993年出现的3DMax的前身3DS,后来逐渐发展为3DMax.X.X,同期出现了Photoshop的前身Photostyler,使后期图片处理成为了可能。从此,设计效果图逐渐走向电脑化。因其表达效果较真实,无论是专业人士还是项目的业主或投资商以及其他非业内人士,都能够通过电脑效果图模拟的场景想象到未来的真实环境。当前的电脑效果图的表现也趋于细分化,有的倾向于尽可能地展现一个真实的环境空间场景,并对场景中任何细节都力求真实再现,如图7-42所示。

图7-42 客厅效果图

四、绘图程序

绘图程序主要体现在以下几个方面:

第七章　环境艺术设计的表现方法

（1）整理好绘图的环境。清洁整齐的工作区，有助于绘画情绪的培养；为使绘图人员轻松顺手，各种绘图工具应齐备，并放置于合适的位置，如图7-43所示。

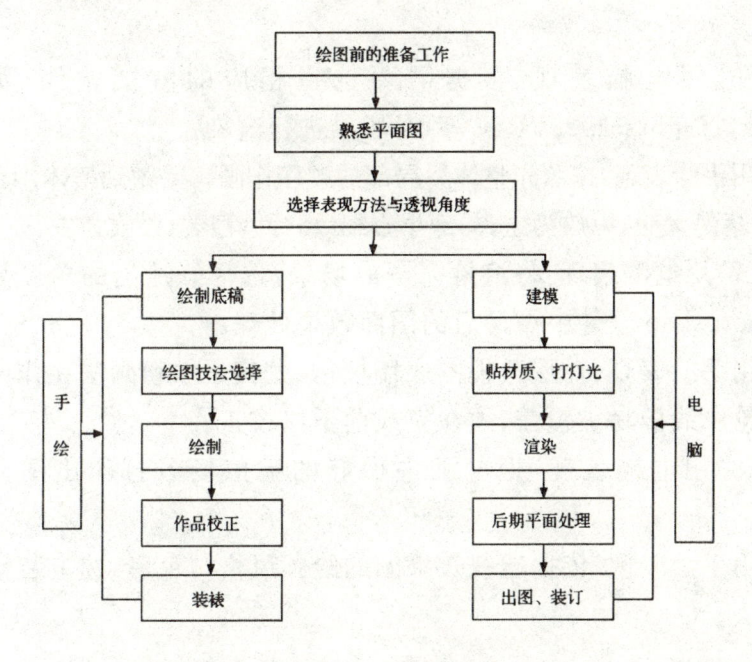

图 7-43　绘图程序

（2）对室内外平面图的设计进行深入的思考和研究。充分了解委托者的要求和愿望，如经济方面的考虑及材料的选用等。

（3）根据表达内容的不同，选择不同的表现方法和透视方法、角度。例如，是用电脑表现还是用手绘；是选择一点平行透视还是二点成角透视。通常应选取最能表现设计者意图的方法和角度。

（4）用电脑表现：根据需要选择软件并按照实际尺寸建立场景以及模型，可用3DMax、3DHome、SketchUp等辅助软件。

用手绘表现：用描图纸或透明性好的拷贝纸绘制底稿，准确地画出所有物体的轮廓线。

（5）用电脑表现：根据设计的内容给模型赋予材质，并在虚拟场景中设置灯光。

用手绘表现：根据使用空间的功能内容等因素，选择最佳的绘画表现技法。例如,以环境氛围为出发点,是选择韵味无尽的水彩表现,还是选择超写实的描绘手法突出质感的色粉表现;按照委托图纸的交稿时间,决定采用快速马克笔表现,还是其他精细的表现技法。

(6)用电脑表现:根据需要选择相应的渲染软件(如3DMax、Lightscape、VRay 等)对场景进行渲染。

用手绘表现:按照先整体后局部的顺序作画。要做到整体用色准确,落笔大胆,以放为主;局部小心细致,行笔稳健,以收为主。

(7)用电脑表现:将渲染完毕的场景,选择好适当的角度导入 Photoshop 软件中做最后的图面效果处理。

用手绘表现:对照透视图底稿校正,尤其是水粉画法在作画时其轮廓线极易被覆盖,须在完成前予以校正。

(8)用电脑表现:把电脑中做好的虚拟场景打印出图并装订。

用手绘表现:依据透视效果图的绘画风格与色彩,选定装裱的手法。

第二节 环境艺术设计的模型

一、模型的材料与制作工具

(一)模型的材料

模型制作材料的选择是依据创意设计的模型效果和应用要求来确定的。材料肌理的质感属性各不相同,不同的展示主题和文化内涵应由与之相协调的材料来表现,模型材料可选择和视觉外观效果接近的肌理材料替代。

第七章 环境艺术设计的表现方法

1. 泥

在环境艺术设计模型塑造中,泥可分为三种,即雕塑黄泥、陶泥、油泥。泥较石膏质地柔软,更易于加工成形。雕塑黄泥因为水分蒸发快,容易干燥并产生裂纹,所以制作间歇阶段可用湿毛巾或薄塑料膜覆盖。陶泥具有吸水性,所以加水糅合后即具有较好的可塑性。油泥是与油混合而成,油泥经过烘烧,加热可变软,可塑性好,可反复多次使用。

2. 石膏

在环境艺术设计模型塑造中,石膏的调配一定要注意水的比例。石膏成型多为灌铸,通常用玻璃板、木板或纸板围合成大致的形体轮廓,进行粗加工,待大致形体产生,然后再对其进行精加工。当形体完全干透后,可以选用较细的砂纸打磨表面,使表面非常平整、柔顺和光滑。需要注意的是,石膏形体表面如果要进行喷漆处理,则必须在其表面先喷一层乳胶液,干后会在其表面形成一层膜,然后在这层膜上喷漆,则漆不会渗入石膏而失去光泽。

3. ABS 塑料

ABS 塑料是一种三元共聚的热塑性工程塑料,具有优良的耐冲击韧性,加热到 120℃就会有变软并可加工到预想的形态。在模型塑造中,可依据模具,加热、施压和成型。因此它是一种韧、硬、刚兼具的出色工程塑料。作为著名的工程塑料,ABS 塑料具有良好的机械性能,强度和刚度都很好,耐磨、尺寸稳定,适合机械切削加工及粘接加工,化学稳定性好。

ABS 模型使用最多的是板料,主要供切割粘接和热压成型方法加工制作。

4. 实木材与密度板

实木材有天然的年轮纹理，表面不易处理平滑。而密度板与实木材的特性接近，加工方法也相同，但密度板密度均匀，易于加工，可以制作得比较精细。密度板经过涂饰处理可以模仿多种材质的效果，且可以与其他材料结合。这两种材料在制作 ABS 压模过程中，作为原型模具，比其他材料更有优势。

5. PU 塑料

PU 是一种结构细密和密度均匀的泡沫塑料。发泡 PU 塑料具有良好的加工性、不变形、不收缩而且质轻耐热（90℃～180℃以上）。采用聚甲基丙烯酸制成的发泡 PU 材料，质量比较好，也是最贵的材料，是航天航空工业结构模型制作的专用材料。这种材料强硬、紧凑而均匀，有相当的强度，有相当光滑的表面。它的加工特性介于 ABS 塑料与苯板之间。

6. 玻璃钢

玻璃钢即纤维强化塑料，它是一种以化学树脂为基底和结合材料的一种增强塑料。在手糊成型技术中，最常用的是玻璃纤维织物，它的优点是形变性好、易被树脂浸润、能提高 FRP 制品的刚度、耐冲击性好、价格便宜和成型制件时节省时间等。

7. 苯板

苯板是制作草图模型极好的材料。它的分量轻、质地软，用刀很容易削制成型。苯板在削制出大致形体后，可以用细砂纸对表面进行打磨，使其表面光滑。另外，在打磨表面上可以刷一层立德粉，待干后再打磨，打磨完成后可在其表面进行喷漆处理。如果没有立德粉保护，油漆会腐蚀苯板。

此外，目前商业模型公司常用的模型材料及其用途和特征如表 7-4 所示。

第七章　环境艺术设计的表现方法

续表

表 7-4　常用模型材料

材料名称	用途	特征
747 型 ABS 高分子工程塑料	建筑物立面、围墙、围栏、立柱	可塑性好，抗变形能力强，防水，便于切割、雕刻，平整度高
仿石材 ABS 板艺术石系列	建筑物毛石、群房、大理石墙面	仿真质感
亚克力工程材料	建筑表面玻璃窗户、建筑表面幕墙面	抗变形能力强，透明度好
雀玲珑镜面玻璃	建筑玻璃幕墙面	镜面质感，色彩多种
瓦顶	建筑波形瓦、叠瓦、玻璃瓦、石材、瓦顶	仿真质感，规格种类多
ICI 漆	建筑表面色彩	不褪色，便于清洁，光泽度好
ICI 金属漆	建筑金属质感细部色彩	增强建筑细部金属质感
油漆稀释剂	油漆稀释剂	浓度高、质量好
502 黏合剂	黏结建筑部件	牢靠，严密，是工程塑料的首选黏合剂
水晶	建筑体块	晶莹夺目
UHU 胶	黏结特殊构件	牢靠，严密
UHU 胶	黏结有机玻璃	牢靠，严密，无痕迹
单面胶带	喷漆遮挡膜	不脱胶
罗马柱式系列	建筑细部	为成品，造型标准
微型米粒灯	建筑细部灯光	适宜制作小型住宅、别墅、建筑内部灯光和道路灯光
微型发光二极管	建筑细部灯光	规格超小，色彩多种，适宜制作建筑式高灯
微型超强泛光灯	建筑泛光照明	夜景泛光照明
飞利浦灯管	建筑内部灯光	质量可靠，耐久
变压器	减低电压、保证灯光的稳定	用于输配电系统的升降电压
熊猫电线	连接各种电源	可通电流大，耐热，质量可靠
低压子母式接插件	连接建筑物灯光与底盘电源，可以拆分	便于接插
747 型 ABS 高分子塑料	模型底盘总平面雕刻	可塑性好，抗变形能力强，适宜做模型底盘载体

材料名称	用途	特征
中密度板	制作模型底盘	保证底盘的平整、牢靠、严密
防火板	底盘平面、密度板夹层	有利于模型保护,防水、防火
木材或轻钢材	底盘支架、边框	牢靠稳固
遮膜造漆稀释剂	油漆稀释剂	漆膜牢固
宽幅米双面胶	黏结底盘部件	牢靠抗变形
原子灰	山体及地形高差	可塑性强,不变形
珍珠板、腻子	山体	可塑性强,不变形
FALLER 草粉	绿化草坪	质感、色彩好
干花及其他花树	仿真花木	类型、规格种类多
配景车辆	暗示比例	造型逼真,可设置动态
其他环境小品	营造氛围	不拘一格,灵活制作

(二)模型的制作工具

1. 测量类工具

(1)钢直尺。

钢直尺是用不锈钢制成的一种量具,是最基本的一种测量工具,可以用来测量工件的长度、宽度、高度和深度等尺寸。钢直尺测量出的数值误差比较大,1mm 以下的小数值只能靠估计得出,因此不能用作精确的测量。

(2)游标卡尺。

游标卡尺是一种中等精度的量具,可以直接量出工件的外径、孔径、长度、宽度和孔距等尺寸。游标卡尺的结构形状如图 7-44 所示。

(3)宽座直角尺。

宽座直角尺是制作模型时常用的测量与校验工具,是测绘垂直或平行线的导向工具,多用来校验模型面与面之间的垂直关系,还可用来校正模型在平台上的垂直位置,如图 7-45 所示。

第七章　环境艺术设计的表现方法

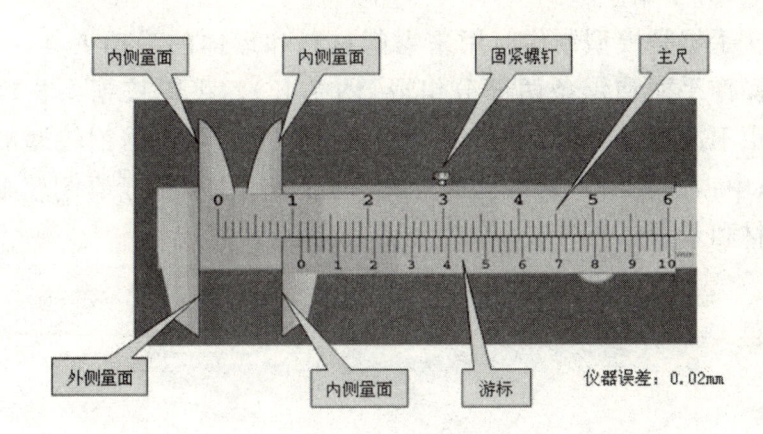

图 7-44　游标卡尺

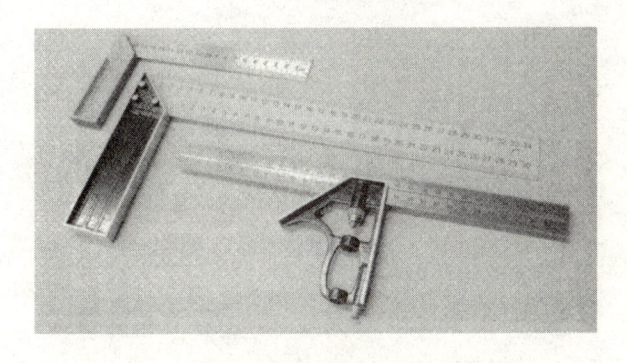

图 7-45　宽座直角尺

2. 裁切类工具

(1)美工刀。

美工刀的主要作用是切断薄纸或者薄的塑料板(图 7-46)。美工刀不使用时刀刃要收缩回刀体,使用完毕的"刀刃"废弃后不能和一般垃圾混在一起。使用时,刀刃的状态应该是锋利的,在薄纸或者薄塑料板上切割直线时,需使用界尺进行工作。应该使用厚度较厚的尺,如果使用的尺是薄的,刀片就会划到尺上,把按在尺上的手割破。

(2)手锯。

手锯是模型制作时用来锯削材料和形体的手动工具,一般由操作手柄和锯条两部分组成(图 7-47)。手锯按锯条长度及齿距不同可分为粗、中和细三种。粗锯主要用于锯割较厚的木料;中锯主要用于锯割薄木料或苯板;细锯主要用于锯割较细的木材和苯板。

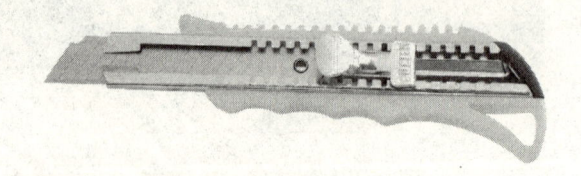

图 7-46　美工刀

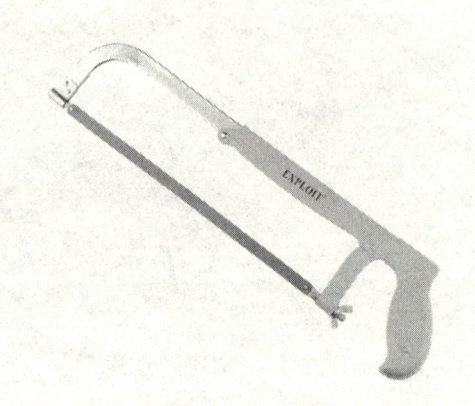

图 7-47　手锯

3. 锉削类工具

锉削类工具主要有锉刀(图 7-48)。用锉刀对模型的表面进行加工,使其尺寸、形状、位置和表面粗糙度等达到要求的加工方法称为锉削。它可加工模型的内外平面、内外曲面、内外角、沟槽和各种复杂形状的表面,还可在装配中修整模型。

第七章　环境艺术设计的表现方法

图 7-48　锉刀

4. 电动类工具

(1)曲线锯。

曲线锯可以在各类板材上锯割出具有较小曲率半径的几何图形(图 7-49)。更换不同齿型的锯条后,曲线锯可以锯割木材、金属、塑料、橡皮、皮革和纸板等,它适用于汽车、船舶制造、木模和家具制造、布景、广告加工和模型制作。

图 7-49　曲线锯

(2)手电钻。

手电钻在模型制作时钻孔或辅助其他技术一起使用(图7-50)。需要注意的是,在较小的工件上钻孔时,在钻孔前必须先固定工件,这样才能保证钻时工件不随钻头旋转,作业质量高,也保证了作业者的安全。

图 7-50　手电钻

(3)切割电锯。

切割电锯是在制作模型时裁料和修边的专用工具(图7-51),有介铝切割电锯、曲线电锯、带电锯等多种类型,各自有不同的使用功能。需要注意的是,在使用切割电锯时,应按照切割样品形状及其大小尺寸,正确调整辅助导向板位置,确保切割平稳;在操作切割样品的整个过程中,操作者严禁戴手套作业,头和手严禁接近锯片。

图 7-51　切割电锯

第七章 环境艺术设计的表现方法

(4)电砂轮。

电砂轮可以把模型中不需要的部分打掉,是模型制作必不可少的工具(图 7-52)。需要注意的是,使用电砂轮前应检查砂轮是否完好(不应有裂缝、裂纹或伤残),砂轮轴是否安装牢固、可靠,砂轮机与防护罩之间有无杂物,是否符合安全要求,确认无问题时,再开动砂轮机。在同一块砂轮上,禁止两人同时使用,磨削时,操纵者应站在砂轮机的侧面,不要站在砂轮机的正面,以防砂轮崩裂,发生事故。砂轮不准沾水,要常常保持干燥,以防湿水后失去平衡,发生事故。

图 7-52 电砂轮

(5)台钻。

台钻在模型工件需要钻孔时使用,与手电钻相比较,台钻钻的孔洞较垂直、工整(图 7-53)。台钻的种类很多,常用的有台式钻床、立式钻床和摇臂钻床三种。需要注意的是,使用钻床时,绝对不可以戴手套,变速时必须先停止再变速。钻通孔时,使钻头通过工作台让刀,或在工件下垫木块,避免损伤工作台面。要紧牢工件,尤其是薄金属件,避免甩出伤人。

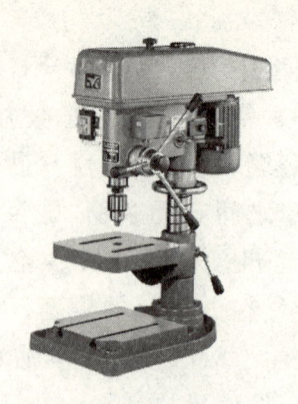

图 7-53　台钻

二、模型的种类与制作要素

(一)模型的种类

1. 示意模型种类

在设计过程中,当各种平面规划构思初步确定后,会通过制作一些模型来帮助推敲、修改、完善原来的设计构思,这种模型称作示意模型。它的表现形式比较粗略,对制作材料、工艺等方面的要求也不高,其目的是对设计构思方案进行深入研究和探索,使功能、形态、构造、结构、材料和色彩等构思更加深入和完善。

2. 数字模型种类

随着多媒体技术的发展和应用,一种新型的模型——数字模型随之出现。数字模型,又称数字沙盘,是在传统沙盘的基础上,增加了多媒体自动化程序,充分表现出区位特点、四季变化

第七章 环境艺术设计的表现方法

等丰富的动态视效。①

3. 结构模型种类

结构模型注重构造表现,对于施工有良好的指导作用。有一些建筑设计中部位构造比较复杂,而施工单位通过平面图、立面图不易看懂,就会造成施工的难度。此时往往通过制作实体模型的方式来展示结构上的特点,以便施工单位按照此结构进行建筑施工。

4. 展示模型种类

展示模型,又称实体模型,是向观者展示、传递、解释项目的设计思路,给观者一个比较真实的感受和体验。在确定比例、材料和色彩时要求模拟真实的实物场景,在模型的制作工艺方面也要求比较精细,常用于大型公共建筑、建筑设计投标和展示等,色彩还原也比较真实。

(二)模型制作的要素

1. 图纸要素

图纸是模型设计与制作的基础,模型的最终效果在图纸上表现为空间比例与造型形态的具体尺寸,主要体现设计师对展示空间的想象和准确、科学的界定。图纸尺寸的标注要切合造型结构与材料工艺。图纸包括模型的平面图、立面图和单色速写效果图等。

---

① 由国内最大、最早的模型设计制作公司——深圳赛野模型提出的一个新概念。数字模型对客户来说是一种全新的体验,能够产生强烈的视觉震撼力。客户还可以通过触摸屏选择观看相应的展示内容,大大提高了整个展示的互动效果。

2. 比例要素

比例是模型设计与制作的关键，模型比例依据设计策划的造型结构特征、材料技术工艺、模拟展示照明形式、展板与道具陈设方式、展示的功能区域位置划分等元素的空间布局而确定。例如，单体及少量的群体组合展台，应选择较大的比例，如 1∶50、1∶100、1∶300 等；大量的群体组合和区域性规划，应选择较小的比例，如 1∶1000、1∶2000、1∶3000 等。

实际的展示造型缩小后在视觉上会产生一定的误差。一般采用较小的比例制作而成的单体模型，在组合时往往会有不协调之处，应适当地进行调整。

3. 形态要素

图纸与比例是模型的造型基础及平面化的语言，而形态是将平面图和比例立体化和形象化，主要体现为展示空间的一种静态造型结构特征。

4. 空间要素

展示模型设计制作是以三维空间立体造型形式体现设计效果。它是在展示空间策划设计（平面图、立面图、立体草图）的基础上进行结构组合，使其抽象的二维效果转化为多维空间形态造型。模型立体造型具有空间限定性、通透性及人的参与性。空间是模型全方位视觉展示的重要元素，也是具有真实感知性和观赏效果的必要环节。模型展示设计空间的界定是依据实际展示空间而确定的，如果是展示项目的投标设计，其设计的展示模型的空间定位应该是实际展示空间的比例缩型，空间尺度设计制作需准确无误。

5. 色彩要素

模型的色彩设计与模型的造型形态及制作材料相辅相成。

第七章　环境艺术设计的表现方法

色彩体现装饰材料的肌理效果,表现展示空间的视觉美感,它与展示照明设计协调配置,营造展示空间的整体效果。

三、模型制作实例

环境艺术设计的模型制作范围较广泛,以下以居住区的模板制作为例进行分析。

(一)模型制作的步骤

模型制作的步骤主要体现在以下几个方面:

(1)设计与策划。依据选择的主题内容进行专业调研,按照主题内容勾画立体效果草图。

(2)确立设计制作方案。根据效果草图确立最终方案,对效果草图进行修整归纳,对展示空间功能区划及细部展示道具造型进行设计和绘制,设计绘制平面布局图、立面图和局部节点图,标明造型所使用的材料,进行展示照明设计。

(3)复印放样稿。将制作拷贝好的展示模型图纸放样在已经选好的模型板材上,在图纸和板材之间夹一张复印纸,然后用双面胶条固定好图纸与板材的四角,用转印笔把图纸复印在各个面板材上。

(4)加工展示模型的部件。在制作展示模型时,有很多部位,如门窗、展示柜等是需要镂空工艺处理的。可先在相应的部件上用手电钻头钻好若干个小孔,然后穿入线锯,加工出所需要的形状。锯割时需要留出修整加工的余量。

(5)精细加工部件。把所有切割好的材料部件,根据大小和形状选择相宜的锉刀进行修整。外形相同的部件,或者是镂空花纹相同的部件,可以把若干块夹在一起同时进行精细的修整加工,这样可以保证花纹的整齐性。

(6)部件的装饰。在各个立面粘接前,要先将小展示柜、小道具处理好,再进行粘接。

(7)组合成型。将所有的立面修整完毕后,对照图纸精心地粘接。

(二)操作实践

1. 平面底盘的做法

平整地面的底盘其基面通常选用木质底盘,在大面粘上绒纸、吹塑纸或有机玻璃、茶色玻璃。这种底盘的地面草坪绿化材料通常以深红色、深灰色绒纸为材料,再以深灰色吹塑纸粘硬地面(即道路广场的地面);也可先粘有机玻璃,再于其上粘绒纸作为绿化草坪(图7-54)。

图 7-54 平面底盘的做法

2. 坡地、山地的做法

通常情况下,用卡纸或有机玻璃按图纸高度加支撑来制造平缓的坡地、山地。若将表面弯曲,则可做出较陡峭的山地。

(1)拼削法。取最高点向四个方向等高或等距定位,削去相应的坡度。

(2)叠加法。叠加法是指将每层的材料相互叠加,按模型比

第七章　环境艺术设计的表现方法

例选用与等高线高度相同厚度的材料,裁出每层等高线的平面形状,叠加粘好,做上草地。相应的材料有软木、厚吹塑纸、厚卡纸、苯板和有机玻璃,叠好后用砂纸打磨去坚硬的棱角。

3. 配景制作

(1)草地。可用草粉、草地纸、绒布、色纸、锯末屑喷漆等。

(2)树。树分为抽象树和具象树,在任何比例的模型里,树的高度一般都是 5～8m。[①]

(3)路灯、人、小景。可用标准成品进行配置,亦可以根据环境进行制作,可以不按整体比例关系进行制作(图 7-55)。

图 7-55　配景制作

(4)汽车。汽车实际尺寸一般为 4600mm×1770mm×1500mm,模型上一般按 50mm 或稍长一点去做。

---

① 在小比例(小于 1∶500)模型中由于树单体很小,应做成抽象形,在大比例(1∶300～1∶100)模型中,有时为了简化树的存在,也可以做成抽象形。

参考文献

[1]席跃良.环境艺术设计概论[M].北京:清华大学出版社,2006.

[2]郑曙旸.环境艺术设计[M].北京:中国建筑工业出版社,2007.

[3]张朝晖.环境艺术设计基础[M].武汉:武汉大学出版社,2008.

[4]李蔚青.环境艺术设计基础[M].北京:科学出版社,2010.

[5]郝卫国.环境艺术设计概论[M].北京:中国建筑工业出版社,2006.

[6]董万里,许亮.环境设计原理(第3版)[M].重庆:重庆大学出版社,2009.

[7]吴家骅.环境艺术设计史纲[M].重庆:重庆大学出版社,2002.

[8]李月恩,王震亚.设计思维[M].北京:国防工业出版社,2011.

[9]赵世勇.创意思维[M].天津:天津大学出版社,2008.

[10]胡雨霞等.创意思维[M].北京:北京大学出版社,2010.

[11]李中扬.创意思维训练[M].北京:中国建筑工业出版社,2010.

[12]伍斌.设计思维与创意[M].北京:北京大学出版社,2007.

[13]周至禹.艺术设计思维训练[M].北京:高等教育出版社,2012.

[14]黄红春.设计思维表达[M].重庆:西南师范大学出版社,2010.

[15]应放天.设计思维与表达[M].武汉:华中科技大学出版社,2005.

[16]于景.开启跨界思维——设计基础训练[M].北京:清华大学出版社,2012.

[17]文健.室内设计[M].北京:北京大学出版社,2010.

[18]邱晓葵.室内设计[M].北京:高等教育出版社,2008.

[19]陈易.室内设计原理[M].北京:中国建筑工业出版社,2006.

[20]李强.室内设计基础[M].北京:化学工业出版社,2010.

[21]来增详,陆震纬.室内设计原理[M].北京:中国建筑工业出版社,1996.

[22]凌继尧等.艺术设计概论[M].北京:北京大学出版社,2012.

[23]宋奕勤.艺术设计概论[M].北京:清华大学出版社,2011.

[24]曹田泉.艺术设计概论[M].上海:上海人民美术出版社,2009.

[25]何永胜,刘超.艺术设计概论[M].长沙:湖南人民出版社,2007.

[26]李砚祖.艺术设计概论[M].武汉:湖北美术出版社,2009.

[27]席跃良.艺术设计概论[M].北京:清华大学出版社,2010.

[28]方四文.艺术设计概论[M].长沙:湖南大学出版社,2004.

[29]尹定邦,邵宏.设计学概论[M].长沙:湖南科学技术出版社,2009.

[30]张福昌.现代设计概论[M].武汉:华中科技大学出版社,2007.

[31]夏燕靖.艺术设计原理[M].上海:上海文化出版社,2010.